南極の海 [高橋晃周氏撮影]

ミドリイシサンゴの産卵
沖縄県慶良間列島阿嘉島

熱水噴出孔とシンカイコシオリエビなどの生物群集
中部マリアナ海域、水深3619m［(独)海洋研究開発機構提供］

外洋、親潮水域の中深層の動物プランクトン
カイアシ類のパラユーキータとキリディウス（体長2〜5mm）や毛顎類のユークロニア（体長10〜20mm）がみえる。
［池田勉氏撮影］

Marine Biodiversity
Understanding Ocean Ecosystems to Protect the Earth

海の生物多様性

大森 信＋ボイス・ソーンミラー

築地書館

いのちのルール

自然の営みを妨げないようにしましょう。
陸地が人であふれて、
島からこぼれ落ちないようにしましょう。
もしあなたが肉を食べたいのなら、
島の人口はみんなで肉を分けあえられるぐらいにしておかなければなりません。
この島の豊かさの源を護りましょう。殊にさんご礁と森とを。
すべての恵みは外からもたらされ、
私たちの身体をとおってやがて自然にもどるのです。
すべては自然の恵みにつながっているのです。
そしてすべての恵みには限りがあることを忘れてはなりません。
　　　　　　　——ヤップ島の潮汐暦2000年版、ヤップ自然科学研究所刊行より

目次

序　1

第1章 海の生態系　11
  1. 生物多様性とはなんだろうか？　13
  2. 生物多様性はなぜ大切なのだろうか？　16
  3. 地球環境と海洋生物の相互作用　18
  4. なくてはならない海のいのち　21

第2章 ここまでわかった生物多様性の科学　27
  1. いくつかの用語　28
  2. 生物多様性に関する生態学の理論　30
    2-a. 種の多様性に影響する物理・化学的要因　31
    2-b. 種の多様性に影響する生物的要因　32
    2-c. 生物多様性の動態　33
  3. 種の多様性の変化をどう評価するか　34
  4. 遺伝的多様性　36
    4-a. 遺伝的集団　36
    4-b. 姉妹種　38
  5. 微生物の多様性　39
  6. 海と陸の生物多様性を比べてみれば　41
    6-a. 物理的特性　43
    6-b. 化学的・生化学的特性　46
  7. 生物多様性の分布スケールとパターン　47
    7-a. 種の多様性の傾き　48
    7-b. 海洋の生態的区分　50

第3章 沿岸域の生態系　53
　1. 河口域と塩生湿地　54
　2. 磯浜と砂浜　61
　3. さんご礁　67
　4. 沿岸域の底生生物　74
　5. 沿岸域の漂泳生物　76

第4章 外洋域の生態系　79
　1. 外洋域の漂泳生物　81
　　1-a. 鉛直分布　84
　　1-b. 水平分布　87
　　1-c. 主要な循環流　88
　　1-d. 海流、湧昇流、リング、渦　92
　2. 海底境界層　93
　3. 深海の底生生物　94
　4. 熱水噴出孔の生物群集　99
　5. 海底峡谷と海溝　101
　6. 極域の海　101

第5章 生物多様性への脅威　105
　1. 乱獲と養殖　107
　2. 生息場の物理的破壊　113
　3. 化学汚染　115
　　3-a. 栄養汚染　116
　　3-b. 有毒微小藻類の大発生　119
　　3-c. 毒物汚染　120
　　3-d. 油汚染　121
　　3-e. 有毒金属と放射性核種による汚染　123
　　3-f. 合成有機化合物による汚染　124

3-g. 人工放射性核種による汚染　125
　4. 外来種の移入　126
　5. 外洋と深海への人間活動の影響　128
　6. 地球温暖化とオゾンホール　130

第6章 生物多様性と生態系の保全　135
　1. 海洋環境と生態系の特性および保全対策　137
　2. 海の生物多様性保護のためのアプローチ　141
　　2-a. 種の保護　142
　　2-b. 海洋保護区　143
　　2-c. 統合沿岸域管理　145
　　2-d. 漁業の規制　147
　　2-e. 汚染物質の規制と防止　151
　　2-f. クリーンプロダクションテクノロジー　154
　　2-g. リスクアセスメントと予防原則　155
　　2-h. モニタリング　158
　　2-i. 経済的な施策と制度　159
　　2-j. 環境の修復　165

第7章 生物多様性と生態系の保全と回復に向けての国内外の取り組み　169
　1. 取り組みの道すじ　171
　2. 海洋の環境　175
　　2-a. 国連海洋法条約　176
　　2-b. 世界的な協議事項　177
　　2-c. 関連する日本と米国の法律と行政機関　179
　3. 生物多様性　180
　　3-a. 生物多様性条約　180
　　3-b. 絶滅危惧種を保護するために　182
　　3-c. 外来種の侵入を防止するために　183

3-d. 海産哺乳類を保護するために　184
        3-e. 世界の漁業の規制と管理　185
    4. 海域の保護　186
        4-a. 極域の海　187
        4-b. 地域海計画　188
        4-c. 海洋保護区　189
        4-d. 日本と米国の水域保護と管理　191
    5. 海洋汚染　193
        5-a. 海上からの汚染　193
        5-b. 陸上からの汚染　194
    6. 開発支援事業と貿易　195
    7. 非政府組織の役割　197

第8章　私たちの役割——生物多様性と生態系は護れるか　199
    1. このままでは危ない　201
    2. 保護・保全への道　204
    3. 希望に向かって　206

あとがき　209

略語一覧（条約名や機関名など）　211
引用文献の著者名と発行年　213
引用文献　218
索引　229

序

ダーウィンとビーグル号（アセンション、1982）
ダーウィンはビーグル号の5年にわたる世界一周航海（1831-35）に参加、
その経験は「種の起源」で結実した。

地球の生きものの特性はなんだろうか。
　それは、こんなに多様な形態を持つ、いろいろな種が存在するということだろう。チャールズ・ダーウィンは有名なビーグル号の航海でこのことを実感し、生物の形態は際限なく多様に変化し続けるという進化論を発表した。進化についての研究は、化石や遺伝子などの調査や解析によってさらに発展し、後に続いた研究者たちはダーウィンの進化論に改訂を加えたり、これを批判したりして新しい理論を生み出してきた。その結果、明らかになったことのひとつは、かつて地球上に出現した種の99.99％以上が、現在では絶滅しているということである。
　そんなに多くの種がと、人びとは思うかもしれない。しかし、海の生きものの世界を含めて、この地球上に現在どれほど多くの種が棲んでいるかということを知れば、誰もがもっと驚くだろう。
　その中には、巨大なものや美しい色彩を持ったものや奇妙な行動をするものがたくさんいて、科学的にもとても興味をそそられるのだが、私たちはそれらの種についてでさえ、ほんのわずかな知識しか持っていない。多くの種は発見される前にいなくなってしまい、その存在すら知られることがない。このような圧倒的な種の多さは生物多様性（Biodiversity）の豊かさとして、熱帯雨林に棲む生きものについてしばしば語られており、また近年ではさんご礁でも報告されている(1)。
　生物多様性という造語の誕生は、きわめて新しい。それは、ウィルソンとピーター（E.O.Wilson and M.Peter）が1988年に編集した単行本の表題「Biodiversity」が出発点であった。この用語は今日でこそ日常的になって一般に定着しているが、その意味はしかしながら、今でもそれほどよく理解されているとはいいにくい。
　国際政治やマスコミの報道にもしばしば登場する多様性という言葉から、私たちは何かしらのイメージを描くことができる。しかし、生物多様性とはなんだろうか？　どうしてこのような用語が現代の科学に華々しく登場したのだろうか？　そして、私たちにとって、それを研究したり、保全のための方法を考えたりすることはどんな意味があるのだろうか(2)？
　生物多様性の前に、それをつつむ生態系の話からしよう。
　小さな潮だまりから大きな干潟や外洋といった特定の環境にみられる生物群集とそれに影響（作用）を与える温度や光や海水の流れなどの非生物的環境からな

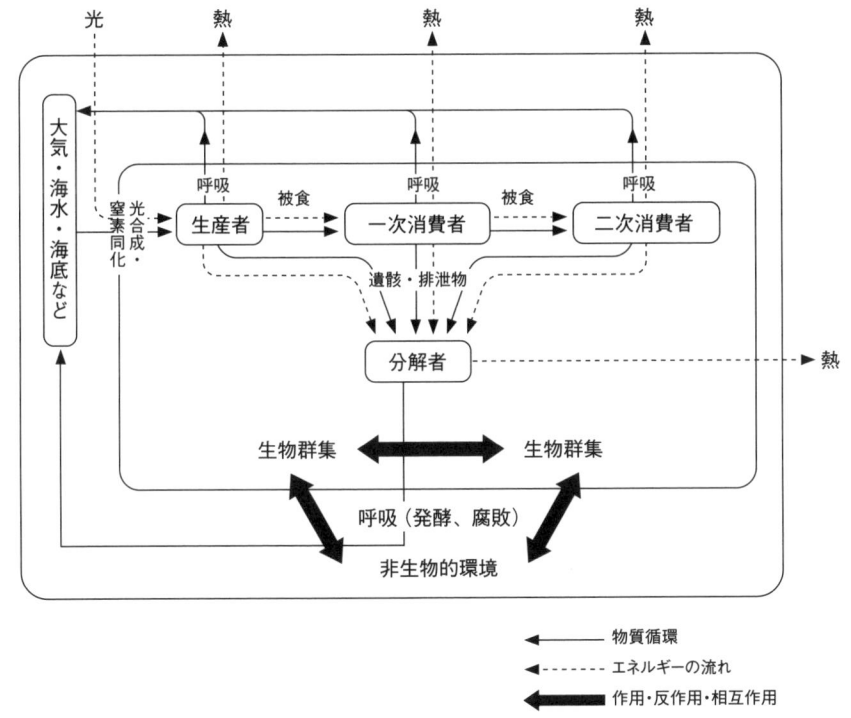

図1　生態系における物質循環とエネルギーの流れ
　　　非生物的環境と生物群集および生物群集間の作用、反作用、相互作用の関係を太い矢印で示す

る機能的なシステムを、私たちは生態系とよんでいる。やさしくいえば、それは「自然」である。その自然のシステムの中で生物群集は、生産者、消費者、分解者に分かれて機能している。生産者は光合成や化学合成によって無機物から有機物を生産し、有機物を餌にする生きもののすべて、即ち消費者は、食う－食われるの関係を通して順次、栄養段階上位の消費者に栄養を供給し、それらの遺骸や排泄物は分解者によって無機化される。

　生態系はひとつの閉鎖システムで、炭素や窒素やリンといった主要な化学物質は生態系内で循環して、生物体の間では活発に交換されるが、貯蔵量は基本的には変化しない。こうした物質循環とともに生産者によって蓄えられたエネルギーは消費者や分解者に移動し、最終的には呼吸に使われて生態系の外に出る。そのシステムの中で、生物群集は非生物的環境に影響（反作用）を与える。また、

個々の生きものの間には棲み場をめぐる争いや共生や食う－食われるなどのさまざまな関係（相互作用）がみられる。（図1）

　どんな場所にも、そこには環境の特性や地理的な特徴に適応した生きものが互いに関係しあって群集をつくって生きている。38億年という時の流れを通して、かれらは進化し、種数を増やして、あらゆるところに分布を広げてきた。地球上で最も苛酷と思われる環境にも適応して、冷たい南極海の浅瀬や110℃にも達する深海の熱水噴出孔のまわりにも多様な種がみられる。

　この生物群集の構成は、非生物的環境の作用による攪乱がおきても、そう簡単には崩壊しない。そして、ある種の個体数が少なくなってもそれに取って代わる種が増えて、生態系の機能は元に戻る。その弾力性を支えるのが生物多様性である。このような生態系の安定性と復元力は生きものの進化と物質循環系とが相互作用しながら長い地球の歴史を経てつくり上げたものだ。しかし、生物多様性は種が適応し進化する時間的な余裕を与えないような大きなストレスには弱い。打撃が大きすぎれば種は滅び、時間が十分なければシステムを維持する代わりの種も現れず、物質循環が滞って生態系は悪化し、回復が困難になる。

　世界人口の急増と一人あたりのエネルギー消費量の増加によって、地球環境は年々悪くなっている。悪化は特にここ40年ぐらいで著しい。人間が増えるとともに、家畜の数も増え、現在では人間と家畜が陸上の全動物の重量の半分くらいを占めるまでになった。そして、私たちのまわりのどこででもみられていた野の花や水辺の昆虫が姿を消し、磯の生きものが少なくなった。

　人口増加の主な部分を占める発展途上国の人たちが、生活レベルの向上を求めて活動するのに歯止めをかけることは難しいので、世界の食料資源とエネルギー資源の消費がさらに増えることは確実だが、この状況が続けば人間以外の生きものはますます棲み場を奪われて滅びへの道を歩み続け、生態系は復元力を失って、豊かな生物資源を永遠になくしてしまうだろう。それは、人間にとっても滅亡への道である。産業革命後、人間は気づかないうちに地球史上6回目の生物大絶滅を始めてしまった。しかも、種の絶滅速度はこれまでの10～100倍といわれている。いのちのない灰色の世界を私たちは望まないが、自然環境の悪化と生物多様性の低下の現状をみれば、人類の長い歴史からみたらほんの一瞬の、しかしとてつもない危険な状況の中に私たちが生きていることを考えなければならない。

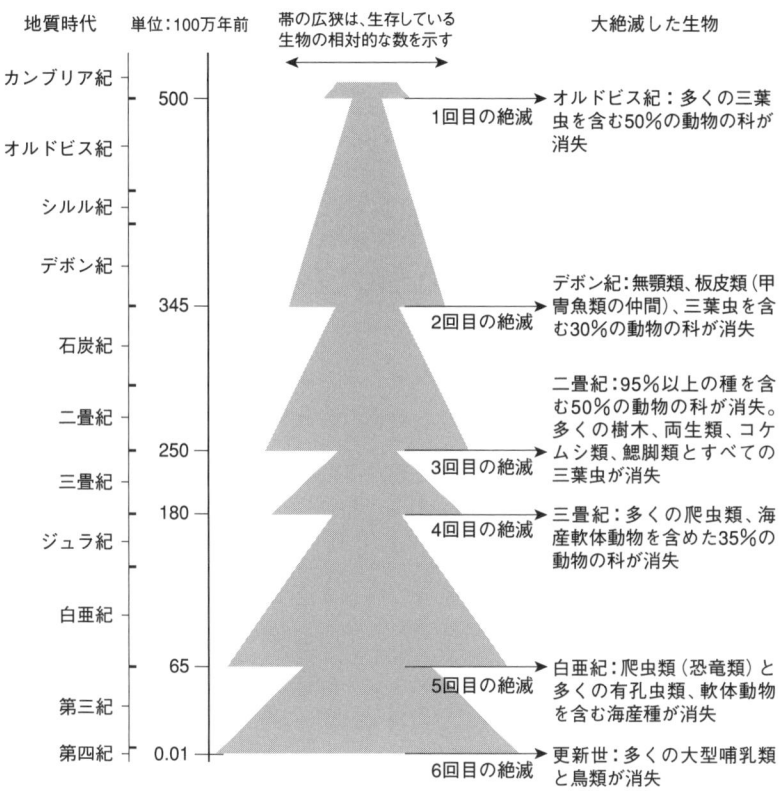

図2　地質時代にみる生物の6大絶滅
　　　現在は6回目の更新世の大絶滅の初期に相当する［プリマック・小堀 1997から改図］

(図2)

　長い間、人間活動による影響は、海の生きものにまではおよばないだろうと思われていたが、そうではなかった。乱獲や化学汚染や棲み場の破壊などにより、人間は海の生態系にも悪影響を与え続けていた。地球の表面の約70％は海であり、深さも考慮すれば、海には陸上の100倍近い生息空間がある。陸上で生きものが棲んでいるのは低地から標高約5000メートルまでである。鳥や昆虫が飛翔できる高さはせいぜい地上1000メートルぐらいまでだし、地中に生きる動物の棲み場はほとんどが表土に限られている。これに対して、平均水深3800メートル、最深1万924メートルの海は、水中にも海底にも、すべての深さに生きものがいる。し

序　5

かしながら残念なことに、海の生態系や生きものの種類や分布についての十分な知識がないため、私たちはそこで失われるものが質的にも量的にもどのくらいなのかを評価することができない。

　私たちが知っていることのひとつに、海よりも陸上の方により多くの種が存在するが、海の方が生きものの形態の変化が大きいということがある。このことは、種の数ではなく、門や綱といった分類体系の高い階級の類群の多さで表される。圧倒的に多い昆虫類で代表される陸上生物の比較的小さな形態の変化と海のそれより高い階級の類群の多さの持つ意味の違いは、どのように評価すればいいのだろうか。海に棲む生きものの遺伝的な変化は陸上のそれよりももっと大きい。それは、生きものの主要な分類群が太古の海で分化したという歴史的背景や、それらの分散が陸上より容易だったことによるものだと考えられている。

　海に現存する種の目録はいまだに完成されていない。だからいったいどのぐらいの種が棲んでいるのかはわかっていない。確かに、はじめの頃に推定されていた種数は少なすぎた。種の数は分類学の進歩とともに増え、今では、これまで低いと考えられていた深海底の種の多様性が熱帯雨林のそれに匹敵しそうだとまでいっている科学者もいる。また、これまで形態的にみて単一の種だと思われていたものが、遺伝子の解析からみると複数の種であったというようなことが、最近の研究によりいくつも明らかにされているし、微生物の種数やそれらの分布についてはまだほとんど知られていない。一方、これまでとても稀な種だと思われてきたものが、観察や採集の方法が大幅に進歩して、本当はそれほど稀ではなさそうだということもわかったが、水中の世界は調査が難しいので、まだ発見されていない種はもっと存在しそうである。もっと研究しなければならないが、そうしている間にも、それらは人間の目にとまることなく、海の中で物音ひとつ立てずに消えていっているのかもしれない。

　水面下の生態系の現況を調べることは、陸上でそれを調べることよりはるかに難しい。生物多様性に対する脅威は定量化することが難しいために、しばしば見逃しがちだが、乱獲や毒物による化学的な汚染や富栄養化などによって、海の生態系は確実に活性を失ってきている。人間活動が原因のストレスは、その場の種の構成を変えてしまうことが多い。そのような不健康な状態では、ちょっとしたきっかけが引き金になって、狭い水域の種を絶滅させたり、広い範囲の生態系を

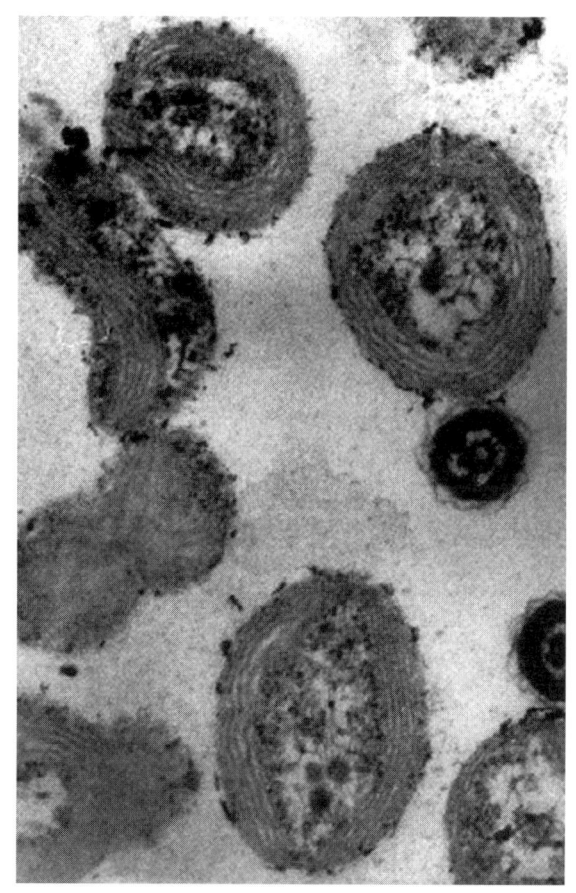

写真1　原核藻類 *Prochlorococcus marinus*
　　　　細胞の直径は0.8〜1.0ミクロンくらい［河地正伸氏撮影］

悪化させたりする。

　海と陸の生物多様性を評価するうえで、現在私たちが抱えている大きな問題のひとつは、生物の特徴や種間の関係を調べる系統分類学者が少ないことである。分類学は政策の決定には直接には役立ちそうもないとみられてしまうので、政府や政策担当者はあまり研究を助成しようとはしない。同じ生物学でも生物工学や遺伝子生物学が産業応用分野で脚光を浴び、若い研究者に活動の場が与えられているのとは大きな違いである。しかしながら、シアノバクテリアに近い極小単細

胞の原核藻類（Prochlorophytes）が最近発見され、しかもこの新しい分類群の生きものが海の基礎生産者としてきわめて重要な役割を果たしていることがわかって、私たちは、種について知らないことがまだとてもたくさんあることに思いを新たにした。分類学は生物学の基礎である。海の生物種の基本的な記載を目的とした調査にはかなりの費用がかかるため、系統分類学のような地味な仕事にはもっと政府の協力や市民の理解が必要である。

　海にどのような種類がいるのかを知ることに加えて、それらがどのような生活をしているのかを、私たちはもっと知りたい。近年の、地球を「いのちの惑星」とみる見方によって、人びとはさまざまな種の持つさまざまな機能（働き）の重要さを認識しはじめた。なぜなら、そのような生きものの機能が、地球を住みやすい環境にする地球化学的な循環機構を維持するのに、なくてはならないことが少しずつわかってきたからである。種は生態系を構成する単位であり、生態系の健康度は、そこに棲む生物群集がいかにそれぞれの機能を果たしているかということにかかっている。害となりそうな人間活動を効果的に規制するためには、種や分布や生物群集の機能がもっとよくわからなければならない。それまでは、人間社会が絶えず先を考えて予防することが必要であり、もし、人間の活動が生態系への悪影響を招くようなおそれがあるならば、科学的根拠が完全に揃っていなかったとしても、予防的な措置によって、私たちはそのおそれを取り除くように行動するべきだと思う。

　私たちが健康な海から得ることのできる恵みを過小評価してはならない。このことは国際的な政治社会でも認識されはじめ、地球環境を護るためのいくつかの重要な条約や行動計画が採択されたが、問題はそれらが現在、世界の国々でどのように実施されているかである。日本では1995年に「海の日」が国民の祝日（7月第3月曜日）として制定された。また、国連総会によって、1998年は国際海洋年とされた。これらは、海の生態系についての人びとの関心を高め、その保護活動を増大させるための指針を提案するのにはよい機会になったと思う。

　科学技術の進歩によって、私たちは生物多様性の変化を観測し、その保全の方法を考えることができるようになった。本書は、海の生物多様性の科学と人間社会や政策とのかかわりについて解説し、生態系を保護し、美しい地球と生きものを次世代に残すために私たちはどうすべきかをともに考えるために書かれたもの

である。
　生態系の保護や生物多様性の保全は、自然科学や経済学、法学、社会学、政治学、倫理学、宗教学などが混ざりあう学際的領域の分野である。海であれ陸であれ、効果的な環境政策を進めていくためには、さまざまな分野の専門家と一般市民と行政が情報を共有し、意見を交わしていかなくてはならない。そうすることによってはじめて、すべての人びとが海に生きるいのちの大切さを知り、その保存に努めるようになるのだろう。

第1章
海の生態系

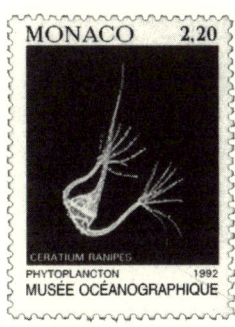

植物プランクトンの
セラチウム・ラニペス
(モナコ、1992)

科学や技術がこれほど進んだ今日でも、海に棲む生きものの種数や、その発生量や個体数の増減、遺伝子の多様性などを評価するのは難しい。アホウドリやシロナガスクジラやラッコのように過去に乱獲された動物のほかにも、絶滅の危機に瀕していたり、また、そうなるおそれのある種がいたりするだろうとは考えられても、確かめることはできない。陸上生物に比べて、海の生きものの分布は一般に広くて、生殖能力が高いとされていたので、ある場所で個体群の減少や消失があっても、種全体にはあまり影響がおよばないだろうと思われてきた。しかしながら、現在ではそうでない種が多く存在し、人間活動の影響はそれまで考えられていたよりはるかに大きい範囲におよんでいることがわかっている。また、種の多様性はこれまで過小評価されていた。実際には海にはもっとたくさんの種がいるようだ。特に、深海底のように、採集しにくかった場所ではそうである。
　絶滅しそうな種や消滅してしまった種について知らないということと、そのようなことがおこっているのを知らないということとはずいぶん違う。今日でさえ、深海底だけでなく浅い海でも、場所によっては堆積物の中から出てくる種の50～80％が未知の種だったことが報告されているのである。さんご礁は最も種の多様性が豊かな生態系だが、ダイビングなどで訪れる機会が多い著名な場所からも、いまだに多くの新種がみつかっている。もし、これまで知られることもなく、調査もされず、記載もされないままの種が多ければ、どの種が実際に脅威にさらされていたり絶滅の危機に瀕していたりしているかを知ることは、比較的狭い範囲でも不可能に近い(1)。
　現在おこっている人間活動による地球全体の種の絶滅速度は、長い地球の歴史が経験した自然現象による種の絶滅速度の数十倍の速さと推定されている。汚染、乱獲、棲み場の破壊、分布域の分断、外来種の移入などがもたらす相乗効果を考えれば、不確定な要素が多くても、この推定値は過大ではないだろう。海ではこれまでに絶滅が記録されている種は海鳥や哺乳動物のように、大きくて目立ち、比較的個体数が少ないものだけであった。しかし、生物学者たちは、気づかれることなく絶滅している種がかなりあるのではないかと考えている。極端な推測では、過去数百年の間に少なくとも1200種の海洋生物が絶滅し、100年後には何千種もしくは100万種以上が絶滅するかもしれないとされている(2)。
　ごく最近、今まで目立たなかった無脊椎動物のある種が絶滅したことがわかっ

た。これは、知らないうちに滅びていった種が多いことを意味しているのだろうか。あるいは海の生態系が人間活動によるストレスをもっと受け続けたときに絶滅するであろう種の先がけ的な存在なのだろうか。もっとも私たちは、種の絶滅が最も大きな意味を持つというわけではなく、種の多様性の低下や個体群の減少も、同じように地球上の生態系の危機を意味していると考えるべきであろう。

1. 生物多様性とはなんだろうか？

　生物多様性という言葉は、ひとつだけでなく、たくさんの解釈ができる。だから、いろいろな文章の中で、この用語がどのように使われているのかを理解する必要がある。これまで生態学の分野では「種の多様性」とか「個体群の多様性」という用語が広く用いられて、分析の対象になっていたので、生物多様性を特定の生態系に生息する種や個体群の数や、それらの性質の研究だけにあてはめようとする人がいるかもしれない。種というのは、進化を考えるうえでの共通単位であるから、種の多様性は重要である。しかしながら生物多様性は、門や綱や目のような高い階級の類群で評価されることもあるだろう。これらの階級での生物多様性は、海洋環境では特に意味深い。なぜなら、海の種多様性は数多くの高い階級の類群にわたっていて、昆虫類のような低い階級の限られた類群が著しく多い陸上の種の多様性とは異なるものだからである。

　種の多様性だけが生物多様性の概念ではない。個体群や種の性質は群集や景観の多様性に影響する。しばしば用いられる生物多様性には以下の5つの階層がある[3]。

a. **種の多様性**——生態系や生物群集における種数の豊富さである。これは、ある群集が何種類からなるかで表せそうだが、実際には種数の多さと種間での個体数などの量の分布（均衡性）の2つの側面がある。種数は普通、面積など単位あたりの種の数で表される。当然、数が多い方が多様性は高い。しかし、ここに種数が全く同じ2つの群集AとBがあるとしよう。種数はともに3と仮定し、それらの個体数の合計はともに9とする。群集Aでは種間の数の分布が均一で、各種3個体ずつだが、群集Bでは数が偏っていて、個体数の最も多い種が7個体、

残り2種が1個体ずつだったとする。この場合、群集Aの方がBより均衡性が高いため、種の多様性は高いとされる。それは各群集から2個体を任意に続けて取れば、2個体が違う種類である確率が高いことから明らかである。
b. **遺伝的多様性**──遺伝情報の多様性、即ち遺伝子の違いから同じ種の個体間や個体群間に生ずる遺伝的な変化の多様性。
c. **機能群の多様性**──例えば食性や餌のとり方のような機能(働き)や生物過程の多様性。
d. **群集・生態系の多様性**──いくつもの機能群からなる生物群集や生態系のタイプの多様性。
e. **景観(棲み場)の多様性**──広い空間での棲み場の多様性。

　異なる生態系の種の多様性を比較しようとするとき、できればストレスのない、あるいはストレスの程度がほどほどなもとでの多様性を考えたい。また、地理的に違った場所の生態系にはしばしば大きな違いがあって、例えば、極地の生態系は熱帯の生態系よりも種数が少ないが、これは熱帯の生態系の方が極地のそれより大切であるという意味ではない。また、好漁場となる生産性の高い湧昇域や河口域では種の多様性や機能群の多様性はそう高くない。重要なのは、自然のままの生態系は、それと同じタイプの生態系でありながら、ひどくストレスを受けたところよりも一般に種の多様性が高いということである。種の多様性の高い生態系では生きものの棲み場が確保され、それぞれが機能を発揮し、物質循環が円滑に行われている。

　機能群の多様性は生態系の働きの複雑さを表す概念だが、種の多様性を反映している場合と必ずしもそうでない場合がある。科学者の中には、すべての種を記載して種の多様性を評価するというような手間のかかる方法によらなくても、機能群を重視することで生態系を効果的に保護できると考える人がいる。私たちはいまだに、人間以外の生物の価値を人間にとって直接有用であるかどうかで判断する傾向があるので、それほど有用ではない種が危機に瀕していることまでを記述するよりも、機能群のどの部分を損なうことが人間にとって害になるかを明らかにする方がわかりやすいというのである。機能群の多様性を保全することは、結局、生態系を構成する多くの種を保護することにつながる。しかしながら、複

雑な生態系に働くすべての重要な機能を確認するのは難しい。だから、そのうちのいくつかの機能、例えば食う－食われるの関係や生物過程に焦点を合わせて、それらの機能にかかわる種を調査研究することで機能群の多様性を評価することになる。

　機能と種のつながりに関しては理論が対立している。一方には、機能が作用しているかぎり、どんな、あるいはどのくらいの種が生態系にかかわっているかはあまり問題ではないという考えがある。この見解は、ある場所からある種が失われたりほかの場所へ移ったとしても、別の種が入ってきてその部分（ニッチ）を埋めることによって機能が保たれるなら、生態系からの種の喪失はそれほど意味深いものではないだろうというものである。この考えを支持する人たちは、生態系にはさほど重要でない種があまるほど棲んでいると考えている。また種の多様性が高いほうが生態系が安定するという考えには懐疑的である⁽⁴⁾。

　他方、別の科学者たちは、生態系では種の多様性が高くなればなるほど、生態系の機能は複雑になり、効率が高まり、その上、同様の機能を持つ種が多く存在すればするほど、生態系は安定すると主張している。だから、生態系には過剰な種はなく、もしあるとしても、それは生態系が継続し、適応し、進化するシステムの能力を高めるために必要なものだと信じている。この考えを支える科学的根拠はかなり多いが、生態系をどのような空間と時間的スケールで考えるのかによってどちらの理論が正しいかが変わるようにも思われる⁽⁵⁾。

　いずれにしても、種の多様性の保全には棲み場の保存が絶対に必要で、すべての生物多様性の保全には景観（棲み場）の多様性の保全が欠かせない。地球全体の生物圏からみれば、あるひとつの生態系が崩壊し、新しい種からなる生態系に取って代わる過程や結果は問題ではないのかもしれないし、また生物圏全体に本当に大きな変化がおきたときには人間はもう存在していないかもしれないが、私たちには生態系を構成する好ましい環境と生物多様性をできるだけ長く保全して、人間が依存するシステムを安定させるために努力する必要がある。

2. 生物多様性はなぜ大切なのだろうか？

　あらゆる生きものは必ずほかの種とかかわりを持ちながら生活している。そのすべてが生物間相互作用である。食う－食われるの関係、棲み場をめぐる競争関係、共生や陸上の植物とその花粉を運ぶ昆虫のような相利関係など、生物群集は生物間相互作用のネットワークによって維持されている。したがって、ひとつの種の変動は常にほかの種に影響を与え、ひとつの種の絶滅はネットワークを通じて絶滅を伝搬することもある。海の生きものには、産卵場と生活の場所が違ったり、サケやウナギのように、成長にともなって海と川という全く異なった生態系を移動したりする種はめずらしくない。それらの種にとって複数の棲み場と移動の道すじが護られていなければ生存が脅かされる。

　遺伝的多様性が低下すれば環境変化への種の適応能力が弱まり、種の多様性が低下すれば機能群の適応能力が弱まり、機能群の多様性が低下すれば生態系の適応能力が弱まる。そして、群集・生態系の多様性が低下すればすべての生物圏の適応能力が弱まる。加えて、生物群集と非生物的環境は相互に作用しているから、生物多様性の低下は物質循環を損ない、大きな環境の変化をもたらすだろう。環境の悪化は生態系の復元力を減じたり、悪化を加速したりする。そして破壊が進むにつれて種数が少なくなり、遺伝的多様性も失われ、生物的に不毛な生態系になってしまうだろう[(6)]。

　要するに、種の危機を招くような棲み場の破壊をせず、環境を汚染せず、そして危険要素は取り除くというのが生物多様性の保全につながるのである。ストレスを受け続けている生態系は、その原因が自然現象であれ人間活動によるものであれ、さらなる環境の変化に直面したとき壊われやすい。ただ、最後の糸が切れるときや、それがどんな特定の生態系におきるかということは推測しにくい。

　私たちは、生物多様性が実際には大きく低下していても、システムがまだ十分に機能しているようにみえる場合には、それほどの危機にはさらされていないと思いがちである。しかし、一部の生態系の破壊はやがて広域の破壊につながるので、もしかしたら地球の生物圏はもう破滅の少し前に立っているのかもしれない。かつては漁業のさかんだった北大西洋のニューイングランド沖のように、乱獲が

原因で生態系が崩壊してしまった場所もある。あちこちの沿岸域で進みつつあるこのような破壊は急速で、回復する機会を与えない。ストレスがなくなっても、そこにまた新しい健全な生態系ができあがるまでには長い年月を要するだろう。また、それは元のものとは幾分変わったものになっているかもしれない。

　なぜ生物多様性を護る必要があるのだろうか。上に述べた生態的な理由に加えて、2つの一般的な理由が考えられる。その一方は、原理や倫理や精神論にもとづいたものであり、他方は人類の利益のためである。

　前者は、生態系を構成する人間以外の生きものも、すべてが地球上で生活する権利、即ち「自然の生存権」があるから、それらを絶滅に追いやるのは間違っているというものだが、そこには長い地球の歴史とともに進化という過程によって創造され、さまざまな環境的な、そして生態的な条件のもとに維持されている生物多様性に対する畏怖と尊敬の気持ちがこもっている。宗教家は神の創造物とみなされている生態系を破壊したり、そこに棲む生きものを滅亡させたりすることは罪であり、避けなければならないと説いているし、哲学者は種数が減少すれば人間の精神も不毛なものになってしまうだろうと考えている。

　後者は、商業対象種など、人間にとって直接あるいは間接的に有用である種を意識する場合である。倫理的な理由がすべての生きものを意識しているのに対して、人間中心の理由は、現在や将来、人間社会に価値があると考えられている種や生態系にのみ適用される。しかし利用価値がないと思われている種にも、真の役割がまだ知られていないために見逃されているものがあるだろうから、さまざまな生きものの将来の重要性を予測するのは難しい。倫理的な考え方と人間中心的な考え方を合わせて、私たちはこれから来る人びとのためにも、生物多様性を保全しなければならないと考え、そのための努力を続けるべきだろう。(7)

　地球の気候や重要な元素や物質の循環は生物の繁栄や進化によって調節されてきた、つまり、生物多様性は生命を維持するのになくてはならない地球のシステムを永続させてきた。ひとつの生態系が最も好ましい状態で機能するために、その中の種数がどれぐらいまで減ってもよいかはわかっていない。しかし環境が良好に保たれ、生態系のさまざまな機能が良好に作用していればいるほど生物多様性は高まるし、生態系の安定性が保たれる。人間社会はより多くの生物資源を必要としているが、生物多様性が高ければ、さまざまな食物や建材や医薬品などに

第1章　海の生態系　　17

なる物質が得られる。私たちに与えてくれる恵みは経済的なものだけではない。人間は自然を崇拝し、生物多様性の豊かさや生きものたちを美しいと感じ、心理的、宗教的、精神的な理由からそれらを慈しみ保護したいと思う。生物多様性に神の存在を感じたり、その価値を人間がつくった言語や伝統や芸術のように、地球がつくった歴史的遺産として認めたりする人もあるだろう。

現代の種の絶滅の最も大きい原因は、棲み場の破壊と環境汚染と乱獲である。それらはすべて人口増加と人間活動の増大がもたらしたもので、問題の根は深い。多くの人間活動が生態系にストレスを与え続けてきた結果、海は健康を損ない、沿岸の生態系ばかりでなく外洋の生態系までが考えていた以上に悪化している。そして、汚染の範囲はずっと遠くの人間の住まない極地や深海にまでおよんでいる。しかも、いまだに、生物多様性は脅かされ続けている。地球上では人間だけが膨大な種の生きものを抹殺することができると同時に、地球に何がおこっているかも理解できる存在である。私たちは、人類が地上から消えるよりも前に行動をおこし、海の環境をこれ以上損なう前に、いのちに満ちた世界を回復できるはずだし、そうしなければならない。

3. 地球環境と海洋生物の相互作用

英国の思想家で科学者のラブロック（J. E. Lovelock）は、「地球の環境は、そこに住む生物と共進化する」と語り、非生物的環境と生物群集間の相互作用を重視して、生物、岩石、土、大気、海水を含む地球を自己制御する一種の超個体とみなした「ガイア仮説」を提唱した。この仮説は、生物と物質循環系が相互作用を通じて共進化して見事な調和をつくり出したという考えに立脚している。例えば始生代、大気の主成分であった二酸化炭素は光合成をする微小藻類や微生物によって活発に体組織に取りこまれ、それらの遺骸が海底に沈降して堆積したことが大気や海水から二酸化炭素を減らした。確かに生物進化の過程は地史的な時間の尺度と比較的よく適合しているようにみえる。ガイア仮説にはまだ論争の余地が多いが、それでもこの仮説は、地球上の構成要素である非生物的環境と生物群集の相互作用を考えるうえで多くのヒントを与えてくれる。[8]

非生物的環境と生物群集との間にみられる、数多くのフィードバック機能（作用と反作用）には、ガイア仮説を肯定するものがある。地球の温暖化を抑制する森林、特に熱帯雨林の働きはその例で、森林は多量の水分を大地から大気中に移動させるが、この過程は大気が温かくなるのに反応して増大する。温暖化に応じて暖気中の水分は増加するが、それによって、雲が増えて大地に影を落とすようになると温度が下がって温暖化が和らげられる。樹木はまた、地球温暖化の原因となる二酸化炭素を吸収する。大気中の二酸化炭素の増加は人間活動によるものだ。二酸化炭素が増加すれば植物の光合成がさかんになるため、森林が十分にあるなら二酸化炭素を吸収する割合が高くなると考えることもできるだろう。

　海の微小藻類は二酸化炭素の重要な吸収者である。そこでもまた、いくつかの地球の気候にかかわるフィードバック機能が指摘されている。長い間、海では揮発性硫黄化合物が生産され、かなりの量の硫黄が大気中へ移動していると推測されてきた。ある種の植物プランクトンが、海面で大量のジメチルサルファイド（DMS）とよばれる硫黄化合物を生成していることが明らかにされているが、これは、大気中に放出されると酸化して煙霧状の硫酸塩の粒子（硫酸エアロゾル）となり、海上の雲の核となる。硫酸エアロゾルは雲量や太陽の明るさ（太陽光に対する反射率）を変え、気候に影響を与える可能性を持っている。気温が上昇すると、暖められた海面はDMSを生成する植物プランクトンの成長にさらに有利に働くと考えられるが、反対に雲の増加は入射光の後方散乱をおこし、地表の冷却効果を生み出す。

　海は炭素の循環にも重要な役割を担っていて、大気中の二酸化炭素濃度を調整することが知られている。海面から水深10〜200メートルぐらいまでの有光層（光合成ができる光が届く範囲）には何百種類もの微小藻類（植物プランクトン）が棲んでおり、光合成によって二酸化炭素を吸収するので、海面近くでは二酸化炭素が少なくなる。海水中の二酸化炭素は、大気からの移入と、バクテリアや動物の呼吸による放出と、海底の貝殻や死んだサンゴなどの炭酸カルシウムが溶解して二酸化炭素になるという3つの過程によって補充され、時空間で変化をしながら、海面を通して大気へ出たり大気から入ったりしている。

　植物プランクトンの炭素循環に果たす役割から、科学者たちは植物プランクトンに地球の温暖化を和らげるという働きを期待しはじめた。大気中の二酸化炭素

の増加や海面の温度の上昇は植物プランクトンの光合成を促すだろうが、それが二酸化炭素を減らすフィードバック機能に働いて、温暖化を和らげるかどうかはまだ予測しにくい。しかし、ここにひとつ興味深い観察がある。海水が暖められると、円石藻類（Coccolithophores）とよばれる植物プランクトンが増殖することが知られている。この植物の細胞壁は炭酸カルシウムでできているので、その増殖には二酸化炭素が使われる。だからもし大増殖がおこれば、海水と大気から過剰の二酸化炭素が取り除かれるかもしれない。

　気候の変化によってもたらされる実際の脅威を防止するために、さまざまな気候工学計画が提案されてきた。そのひとつが、円石藻類のような植物プランクトンを増やして地球温暖化を遅らせようとするものである。海の表面積の大部分を占める外洋での基礎生産量はそれほど高くない。なぜなら、植物プランクトンが必要とする鉄分や栄養塩類が十分にないからである。そのため、広範囲に鉄分を溶解させれば、植物プランクトンの成長や光合成が促進され、大気から二酸化炭素が吸収され、その一部が海の深層に運ばれて1000年以上は表層に戻ってこないだろうと考えられて、東部太平洋や南極海域などで実験が行われた。その結果、鉄分を供給すれば、植物プランクトンの光合成活性は増加するが、重い鉄分は酸化して沈んでしまうし、表層の従属栄養細菌などの増殖も促進されることから、地球温暖化の抑制効果はあまり期待できないことがわかった。

　この計画については不安もある。それは実験が成功したとしても、外洋の生態系への人間の干渉は、食物連鎖や生物多様性に対して、予測のできない負の影響を与えるおそれがあるためである。自然界に加えた鉄分が動物プランクトンや魚類などにどのように作用するのか、また、海水は必要とされる量の鉄分を十分に溶解することができるのかどうかについて疑いを持っている研究者も少なくない。[11]

　植物プランクトンはまた、光合成の過程で酸素を放出する。推定では、大気中の酸素の50〜75％は海水中での光合成でつくられたものである。さらに、植物プランクトンは、海水中の窒素やリン、シリコン、鉄分、そのほかの物質の循環にも重要な役割を担っていることが知られている。このように、微小藻類の生物量や種の多様性は、地球の環境に大きい影響を与えている。[12]

　海水が流体であることと、それが定常的な動きをすることによって、いくつもの海の生態系は関係しあい、陸地や大気とも作用しあっている。海は地球上の生

命体のシステムを動かす発動機といわれてきた。それは重要な生命化学物質の循環の中心であり、蒸発作用によって水蒸気を陸上に送って雨を降らせて、陸上への生物の進出を可能にし、多くの生きものに棲み場を与えた。海水や溶存物質やプランクトンはいろいろな生態系でそれぞれ特徴のある働きをするとともに、異なった生態系の間を自由に移動している。したがって、海のある場所でおきたことは、やがて遠く離れた場所にも影響をおよぼす。

　海の生物群集と地球の気候との間の相互作用の証拠はもっとある。大気から取りこまれ、有機物や貝殻のかたちで海底堆積物や極地の氷床に残された炭素量の記録によって、大気中の二酸化炭素量と気候変動とが結びついていることが示されている。気候の変動と海の炭素循環との間にどのような関係があるのかはまだ十分に明らかではないが、過去に植物プランクトンによる基礎生産が増加したことによって大気中の二酸化炭素が減少し、そのことが地球の冷却につながったようだと推測されている。[13]

4. なくてはならない海のいのち

　多くの海の生きものは私たちの食物源であるし、薬や医療材料として用いられているものも少なくない。そのほか化粧品の原料、養殖のための種苗、飼料や肥料やペットフード、遺伝学研究のための品種、生物工学への遺伝子、食品加工やそのほかの工業用途の物品、水族館の飼育動物、装飾品、皮製品、伝統的な治療行為のための薬品など、生物資源の利用の範囲はきわめて広い。

　食物としての水産資源の重要さは国によってかなり違うが、日本では蛋白質の主要な源であり、また約40カ国の人びとは、動物性蛋白質の30%以上、全蛋白質の10%以上を魚介類から摂取している。世界の漁獲高上位10カ国の中には、中国を筆頭にチリ、ペルー、インド、韓国、インドネシアのような途上国が含まれており、水産物の需要は世界的に高まっている。需要を補足するために、養殖業が急速に発展した。しかし、養殖業は売れなくては成り立たないので、高価な魚はつくられても、産地で消費されることはあまりなく、したがって、増え続ける途上国の人口を養うための水産資源の総量を増やすことにはほとんど役立っていな

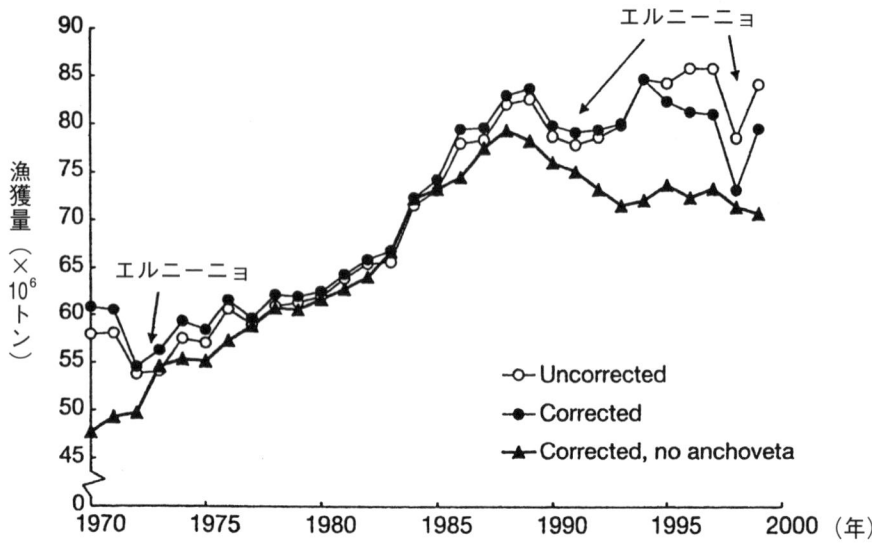

図3　1970年以降の世界の海洋漁獲量の変化
　　Uncorrectedは各国からFAOへ提出された漁獲量の総計。Correctedはこれまで中国が提出してきた統計値を訂正した値。Corrected, no anchovetaは、さらにCorrectedから変動の大きいペルーのカタクチイワシ漁獲量を引いた値。エルニーニョはその発生年。カタクチイワシを除いた、世界全体の漁獲量は1990年頃には既に下降傾向にある〔Watson and Pauly 2001〕

い。

　世界の海の漁獲量は、1950年以降に右肩上がりで増加した。1950年代、特に著しかったその伸びは、1972年のペルーのカタクチイワシ資源量の低下ではじめて急落したが、その後、1990年代には約8000万トンに回復し、現在は年間約8500万トンのレベルにある。これにトラッシュフィッシュ（trash fish）とよばれ、混獲後に捨てられる資源を加えると、実際に水揚げされる海産物の量は年間約1億1000万～2000万トンになる。しかし最近になって、世界一の漁獲量を誇っていた中国が国連食糧農業機関（FAO）に提出してきた漁獲統計の値が疑わしいと指摘されている。もし事実なら世界の漁獲量は1990年頃には既に下降傾向にあったことになる。乱獲と汚染に加えて、最も生物生産性が高く、産卵や稚魚の育成にとって大切な沿岸域を破壊し、漁場を消滅させてきた事実を振り返ってみれば、環境の変化にいかに柔軟で大きい復元力を持つ海の生物資源といえども、漁獲量

はもうこれぐらいが限界であろうし、今ある資源の維持のために用意周到な管理をしなければ漁獲量はさらに減少するであろうと思われる。(図3)

　現在、私たちが資源として利用している魚類の数は約9000種といわれているが、このうち世界的な規模で多獲されている（年間漁獲量10万トン以上）のは、22種だけである。そのうちの17種の海産魚は、すでに持続可能最大漁獲量（MSY）ぎりぎり、あるいはそれ以上漁獲され、9種は明らかに資源量が減少している。その中には、1980年代の統計で世界の年間総漁獲量の半分を占めていたニシン、タラ、アジ、サケ、サバが入っている。残念なことに、近年、沿岸に住むの人びとが地元で消費する海藻類や貝類や魚類も急激に減ってきているのである。[14]

　実際、1950年代から1970年代は、海の生物資源が将来の世界の食糧問題を解決するだろうという楽観的な推測が多かった。ある専門家はさらに新しい食料資源が海から得られるだろうと考え、別の専門家は大きな海洋牧場の経営がさかんになるだろうと予測した。しかし、これらの予言は実現せず、とっくに人気を失ってしまっている。多くの魚介類で漁獲量はMSYの限界に達しているか、それを超えており、多くの魚介類で資源量はひどく低下している。トラッシュフィッシュのうちのいくつかの種は商品になった。しかしそれらは、養殖用餌料や、鶏や子牛や豚のような、もともとは魚を食べていない家畜の餌料やペットフードの原料として使われているにすぎない。海藻は、日本や韓国のように、昔からこれを食料として利用してきた国では収穫され、市場で取引されているが、一時考えられていたようには世界中には広まらなかった。

　海産の植物や動物から抽出された物質によって、私たちの健康に効果のある抗生物質（抗菌物質や抗ウィルス物質）や腫瘍抑制物質、血液凝固物質や抗凝血物質、心臓活性剤、神経安定剤、痛み止め、抗炎症薬、スキンクリーム、日焼け止めクリームなどが製造されている。生きものが捕食者から身を護ったり競争相手の成長を阻害したりするために、毒素をつくり出すことは稀なことではない。このような、生物の代謝に直接使われない化学物質は二次代謝産物（生理活性物質）とよばれるが、この「化学的闘争」のための物質をつくるのは、その働きが効果的な場所に棲む底生生物である。

　これまで数種の藻類やサンゴ、イソギンチャク、海綿、軟体動物などから、薬として使える抗生物質や抗発癌性物質が発見された。一方、タラなどの肝油はビ

タミン剤、カキの貝殻はカルシウム剤の主要な原料となっている。フグ毒は末期癌の治療に使われており、サメの肝臓にも抗癌物質が含まれていることが明らかになった。ナマコやウミヘビやニシンやエイなどから循環器系の疾患に対して有効な物質がみつかっており、海藻やタコから高血圧に効く物質が抽出されている。ある種の海藻からみつかった物質は、ウィルス性のかぜや目の感染症や性病に対して有効だし、海綿もウィルス性脳炎に対して効果的に作用する物質を提供している。

このように海の生きものからは、これからも、さまざまな病気の治療に役立つ物質が抽出されるだろうし、利用範囲は将来ますます増えるだろう。遺伝子資源の確保を含めて、これらの生物資源を将来の潜在的な利用のために残しておくことも、これから来る世代の権利の擁護につながる生物多様性の価値である[15]。

分子生物学の進歩によって、薬品として利用できる微量の生理活性物質を増やして、生産を高めることができるようになった。生物工学分野では、海に存在することが既に知られている生理活性物質を活用するための研究と、まだ知られていない化学物質や食料資源を求めて、世界中の海のすみずみまでの探査が行われている。深海底の熱水噴出孔のまわりの生物群集からは、生物工学に役立ちそうなさまざまな微生物が数多く発見されている。

分子生物学は、養殖のために望ましい性質を持った動物や植物を人工的につくり出すことでも期待されている。かなり以前から、成長が速くて病気にも強く、大きくなるが、自然界に逃げ出したときには繁殖できない魚がつくり出されるだろうと期待されているが、新しい生物体の生産には利点と同時に懸念がある。遺伝子操作の本当の危険性について、私たちはいいかげんに考えるべきではない。その技術は利益を生み出すと同時に遺伝的多様性の保存にも役立つと正当化されているが、諸刃の剣で、本来の種の多様性や遺伝的多様性に対して大きな脅威ともなりうる。

実際に、人為的にかけ合わせた品種であるサーモントラウト（salmon trout）がカナダの太平洋岸の養殖場から大量に逃げ出しているように、企業に生物の完全な管理を期待することは難しい。もし人工的な遺伝的特性を持つ個体が自然界に逃げ出して繁殖に加わると、もともとの個体群の遺伝子プールを混乱させるし、また、種間の相互作用に影響を与え、本来の生物群集を不安定にするおそれがあ

る。生物工学には、倫理観や知的所有権や動物の取り扱いなどに関連したいくつもの懸念があることも、また事実である(16)。

　海の生態系の機能には、人間にとって特別の有益な働きを持つものがあり、環境経済学者はこれを「生態系のサービス」とよんでいる。例えば、藻場やさんご礁は魚類の産卵場や隠れ場所としての機能を備えているし、状態のよい河口域は栄養分が豊富で、そこや隣接した沿岸の魚類の生産を促進する餌生物がたくさんみられるので、そうした場の維持は沿岸漁業の繁栄を支える。真っ白な砂浜とさんご礁の海に立つと、私たちはとてもいい気持になり、忙しい日常のストレスが癒される。これらが健康な生態系のサービスである。

　沿岸には、ほかの場所から海流にのって漁獲対象となる甲殻類や貝類の幼生が多量に運ばれてくる。そしてその場で育って、涸渇していた水産資源を回復させる。また、湧昇がおきる場所では、深層から豊かな栄養塩類が供給される結果、プランクトンなどの餌生物が増え、漁獲量が増大する。

　さんご礁には、サンゴ群体の形の複雑さがつくり出す多様な微環境と高い生産性がある。サンゴが成長したり壊れたりすることで、礁の立体的な構造は時間とともに変わって棲み場が多様化し、種の多様性は高まる。さんご礁に生息するいろいろな底生生物が防御などのための生理活性物質を持っていることは先に述べた。造礁サンゴは光合成を行うのと同時に炭酸カルシウムを固定するという2つの能力を発達させた生きもので、その活動によって多量の二酸化炭素を環境から隔離しているのではないかという報告がある。

　一方、干潟では多くの動物が食物を摂取することによって周辺の泥場から有機物を除去している。沿岸の塩生湿地（潮の干満の影響を受けて、常に湿潤な状態となっている砂地や泥地で、ヨシ原になったりアッケシソウなどの固有の植物が生育している）は堆積物をためて、水から化学物質を濾し取るが、この機能は人間の不注意で陸上から垂れ流してしまった汚水による汚染から沿岸域を護っている。もちろんそれは私たちが湿地に期待すべきものではないのだが(17)。

第2章
ここまでわかった生物多様性の科学

動物プランクトンのカイアシ類、
ポンテラ・プルマータ
（ポルトガル、1997）

生物多様性の保全や管理に関する政策のもとになるのは、いうまでもなく科学知識である。しかし自然科学というものは、わかればわかるほど不明確な部分が浮かび上がって新たな疑問がわくという、逃げ水を追うような奥深さを秘めている。これは政策にかかわる人たちにとってみれば、いらいらすることかもしれないが、生態学の理論と不確かさに精通した科学者による、生態系と生物多様性についての注意深い予測をもとにすれば、よりよい政策や管理のあり方を提示することができるはずである。

　私たちにとって、地球の空間規模や進化の時間規模で展開される生物多様性をみたり、扱ったり、保全したりすることは難しい。もちろん、大きな背景に注意を向ける必要もあるが、手に負えるぐらいの規模の生態系や、さらにその一部での生物多様性の変化の過程を十分理解することはもっと必要である。この章では、まず、専門用語を解説し、生物多様性の保全に関する理論や概念を知ってもらいたいと思う。

1. いくつかの用語

　生物多様性の包括的な保全対策には、第1章で説明した生物多様性のすべてのタイプについての考慮が必要であるが、管理の方法と科学的調査のうえで最も重点がおかれているのは種の多様性である。生物多様性という言葉はあまりにも漠然としているので、科学者はある生物群集や種の多様性について、その特徴と量的な特性を正確に表現するために特別な用語を用いている。慣れない専門用語や理論を学ぶのは退屈なことかもしれないが、これらはどのように生態系が働き、何が種や機能群の多様性を決定しているのかを知るうえで、助けになってくれるはずである。[1]

a. 異なる生物群集間の種の多様性を比較したり、同じ群集内での種の多様性の時間的な変化を追跡したりするときには多様度示数（diversity index）がよく使われる。これには豊かさ（richness）、つまりどのぐらいの種が数えられるかと、均衡性（species evenness）、つまりそれぞれの種がどれくらいの比率で

分布しているかが含まれる。
b. 種間の相互作用には、同じ餌や棲み場を利用する種どうしの競争関係（competition）、捕食者と被捕食者（餌生物）の間や寄生者と宿主の間の敵対関係（antagonism）、サンゴと褐虫藻の間にみられる共生や陸上の植物とその花粉を運ぶ昆虫の関係のような相利関係（mutualism）がある。これらは種が適応進化によって多様に分化していくうえで大きな役割を果たしてきたと考えられている。
c. 種の分布や機能や種間関係などは、生態系内の種数を決定する重要な要因である。それらは次のように説明されている。

- ひとつの場所（ある地域空間）に棲み、個体間に有機的なつながりがあって、種族を維持し増やすことのできる同じ種の個体の集まりを個体群（population）とよぶ。そして、ある個体群の単位空間あたりの個体数を個体群密度（population density）という。
- 生態系の中でひとつの種が果たしている機能あるいは生態的地位、例えばどんな餌を食べるかとかどんなところに棲むかなどをニッチ（niche）とよぶ。
- 食う−食われるの関係で種間を結んだ流れを食物網（food web）とか食物連鎖（food chain）とよぶ。
- この流れの中で、生きものは基礎生産者（primary producer）、植食者（grazer）、捕食者（肉食者）(predator)、分解者（decomposer）という栄養段階（trophic level）に類型的に分けられる。
- さまざまな機能を持ち、生態系の中で幅広いニッチを獲得している種を広適応種（generalist）とよび、反対にニッチの狭い種を狭適応種（specialist）とよぶ。
- ひとつの生態系で複数の種が似たような働きをしていることがある。しかし、それらの機能はある部分では重なりあうが、すべてのニッチが全く同じという種は存在しないとされている。
- 敵対関係や相利関係を通して相互に関係している種どうしが互いに影響をおよぼしあいながら進化することを共進化（co-evolution）という。共進化によって両者の関係がより密接になると、相対的に狭適応種が増え、種の多様性が高まる。

・種によって個体の寿命が長いものと短いものがあり、産み出す卵や幼生の数が多いものと少ないものがあり、子どもを遠く離れた場所にまで分散させるものと近場に分布させるものとがある。これらは種の再生産戦略として働き、それぞれの種の分布範囲や地理的に分離した個体群の遺伝子の構成に影響している。

種の多様性と生態系の安定性は互いに関係しているようにみえるので、生態系の安定性の評価は生態学者にとって興味あることである。生態系の安定性について話そうとするとき、しばしば次のような用語が用いられる。
・生物群集の恒常性や時間的な持続性を安定性（stability）という。攪乱がおきた後、種の多様性がやがて元の平衡状態に戻るような生態系は安定である。これらが元に戻る速さを復元力（resilience）とよぶ。これは攪乱の強さや規模やその継続時間によって変わる。
・攪乱後の生態系の変化の度合いを抵抗性（resistance）とよぶ。

種の多様性と生態系の安定性との関係は複雑である。一般に多様性が高いほうが生態系は安定するようにみえるが、種数が多ければ競争が高まり、個々の種は保護されにくい状況になる。したがって生態系自体は安定していても、その中の種や生物群集は変動することが多い。種の多様性の高い生態系では異なった種があらゆるニッチを埋めており、機能が似ていたり、かなり重複したりしている種が多くみられる。したがって、そこではひとつの種が減少しても別の種がそのニッチを埋め、前の種が果たしていた働きを担う。そのために生態系の安定性が保たれると考えられるのである(2)。

2. 生物多様性に関する生態学の理論

これまで生態学者たちは、海でも陸上でも、ある生態系の生物多様性を決定するいくつかの物理・化学的要因や生物的要因について研究し、理論をつくり出してきた。どんな生態系でもこれらの要因の組み合わせによって、生物多様性は高

くなったり低くなったりしている。種の多様性は一般に資源量が大きく、それを利用する種のニッチが細かく分かれていればいるほど高くなる。地球上のいろいろな場所には似通ったタイプの生態系がみられるが、それぞれの種の多様性は異なることが知られている。個々の生態系にはそれぞれの特徴を示す最大生物多様性があるという考えは、しかしながら、まだ十分に検証されていない。(3)

2-a. 種の多様性に影響する物理・化学的要因

- いくつかの環境はそのほかの環境よりも時間的により長く安定している。そのような安定した環境を持つ生態系では種の進化や繁殖が長期にわたって単純に進行する。
- より広い空間を持つ生態系は、潜在的により多くの種を支えることができる。
- 物理的により複雑な構造を持つ生態系には多くのニッチができるので、異なった生活方法を持つ種が多く棲み、また、特殊化した種が利用できる。
- 物理・化学的要因、例えば温度や塩分や栄養塩類などが場所によって異なっている生態系では、いろいろな種がそれぞれの場に適応するような形で分布するから、全体の種の多様性は高くなる。
- 気候が安定している生態系では、生きものは不安定さに対する耐性を持ったり突然の変化に適応したりする必要がない。一般に、そこでの種の多様性は高くなる。
- 季節的な温度変化のように、環境の変化が予測可能で一定の周期性を持つ生態系にみられる種はその周期性に適応進化している。そこでの種の多様性は、変化の不規則な生態系に比べて高いことが多い。
- 頻繁に攪乱がおきたり、それが大規模で致命的であったりする環境は別として、海の結氷や嵐のような物理要因によって中規模程度の攪乱がおきると、そこに、それまでいなかった種が進出できるようになるから、種の多様性は高まることが多い。
- 物理・化学的な不連続性によって生態系が分断すると、種の多様性は低下し、種はより小さい範囲に孤立する。また他家受精をする種は個体群の分断によって遺伝子プールが小さくなるので弱体化する。
- 栄養塩類の供給量は種の多様性と関係するが、多様性が高まるかそうならな

いかはほかに関係するいくつかの要因によって決まる。一般的に、少量の栄養塩類の間歇的な補給は種の多様性を高める方向に働き、多量の慢性的な補給は種の多様性を低下させる。
・栄養塩類のバランスの変化や特定の栄養塩類の欠如も種の多様性を変える要因になる。

2-b. 種の多様性に影響する生物的要因

・生物生産性が高いか低いかは、種の多様性が高いか低いかということと関係しているらしい。一般的にいえば、中程度の持続的な生産性が種の多様性を高めるようである。また生産性は種の多様性より機能群の多様性に強く関連するといわれている。[4]
・種どうしの競争は多様性を高めたり低めたりするだろうが、それは競争する頻度や競争する相手の数によって決まる。どちらか一方が勝ち目のない単純な種間競争の場合は別だが、ほかの競争者や物理・化学的要因が強い方の種に不利に働いて結果が変わる場合もある。種間競争は食う-食われるの関係に大きく影響し、これによってどれだけ多くの種が食物網に関係し、共存できるかが決まる。
・捕食はさまざまな形で生物多様性に影響を与える。一般に、餌生物の中では数の多い種が少ない種より食われやすいから、捕食は餌生物間の競争を低める作用に働く。また大きくて捕まえられやすい種から先に食われるので、捕食は餌生物の大きさの構成にも影響を与え、限られた場所にどれだけの種が棲めるのかをも決定する。
・相互に影響しあっている2つの種が共進化をおこすと、全体の種数は増え、多様性は高まるだろう。しかしながら、もし一方の種がいなくなると、もう一方の種も激減するだろうから、種の多様性が突然低下することがある。
・共生のような相利関係は互いの種の生き残りに有利に影響しあうので、それが多いところでの種の多様性は高い。相利関係は海でもよく観察されていて、一方の種がほかの種の体内に共生するというような物理的に密接な関係もみられる。造礁サンゴと共生する微小藻類の褐虫藻（Zooxanthellae）がその例で、サンゴのポリプ（個虫）の細胞間や細胞内に生活し、サンゴと栄養を供

給しあっている。
- 食物連鎖の長さと食物網の複雑さは種の多様性に関係する。一般に食物連鎖が単純な生態系では、連鎖が長い方が種の多様性は高くなる。また食物網が複雑で混み入った生態系では、連鎖は短くても種の多様性は高まる。
- 種の分布が不均一で、広い範囲のなかにいくつもの異なった生物群集がみられるような生態系では、全体の種の多様性は高くなる。
- 大きなスケールの空間に固有な環境がいくつもある生態系では固有種が多くなるために全体の種の多様性が高い。種数が増えるからである。しかし、固有な環境がもっと小さな空間に限られている場合は、種の多様性は高められたり低められたりもする。なぜなら、分布や生殖範囲が限られた固有種は環境が大きく変わるといなくなりやすいからである。
- 人間活動はしばしば生態系を破壊し、種を減少させている。人間活動が種の多様性を高める要因と低める要因の間のバランスに重大な影響を与えている事例は海でも陸上でも増えている。

2-c. 生物多様性の動態

これまで海の生態系で種の多様性がどうして決まるのか、またどのように維持されるのかなどについてのいくつかの理論が、小規模の野外実験や広い範囲での野外調査や観察の結果をもとに得られた。それらの中では栄養動態にもとづいた2つの理論が、魅力のあるもののように思われる。

ひとつはトップダウンの動態にもとづいたもので、栄養段階上位の捕食者が下位の餌生物の種数や量を決定するように働くという考えである。捕食者のうちのある種の個体群は、その数量から考えられる以上に、同じ域の生物群集全体に大きな影響を与えている。そのような種はキーストン種とよばれる。キーストン（keystone）というのは石組みのアーチを築くとき、アーチの上にはめこむ「かなめ石」のことである。これをはずすとアーチが崩れてしまうことから、こういう用語がつくられた。キーストン種となる捕食者を除去してみると、その存在の重要さが明らかになるだろう。例えば、ある生態系で特定の餌生物の個体群の増加を捕食によって調節していたキーストン種がいなくなれば、餌になっていた種が急増して群集構造に破綻がおきる。潮間帯の生態系ではしばしばこのようなト

ップダウンの動態がみられている(5)。

　ボトムアップの動態もまた種の多様性にかかわっている。この場合は栄養段階下位の基礎生産者や餌生物の変動が上位の捕食者にまで影響をおよぼす。例えば、植物プランクトンや植食性のカイアシ類の多様性や個体数の増減が、それらを餌にする捕食者を含む生態系全体の種の多様性に影響を与えるのである。

　沿岸湧昇域は通常ボトムアップの流れに支配されている。栄養塩類に富んだ海水が表層水と混ざって植物プランクトンの生産を促し、食物連鎖全体の生産性を高める。このような水域での種の多様性は栄養塩類の連続的な供給によって保たれている。だからエルニーニョ現象の時のように栄養塩類の供給が大きく低下すると植物プランクトンや動物プランクトンが少なくなり、魚類が姿を消し、それらを餌にしている海鳥や海洋哺乳類もいなくなってしまうのである(6)。

3. 種の多様性の変化をどう評価するか

　生態学者は、種の構成や生物群集の時間的変化を調べることによって、生態系の変化や安定度を評価することが多い。その場合、安定した平衡状態、即ちストレスのかかっていない理想的な生物群集の構造が基準になる。基準の測定はベースラインスタディ（baseline study）とよばれる。生態系が変化するのはあたりまえのことだし、一定の周期的な変化もあれば、不規則な変化もある。そのため、健全な生態系の長期にわたる観察のみが、どこが平衡状態かということを教えてくれ、生態系の変化を示すことのできるベースラインを設けてくれる。

　ある生態学者は生態系には複数の安定した平衡状態があると述べている。これは、生態系は通常、その構成要素である種が適応している条件の範囲内では安定で、ときには揺れ動いているが、大きな外力がかかって攪乱がおきたときには範囲外の別の平衡状態へと転移することがあるというものである。ただし、新たな平衡状態は必ずしも地球の生物圏や人間にとって好ましい状態でないことがあろう。生態系には復元力が働くが、それはある条件の範囲内でのことであって、限度を超えると回復が望めない状態になってしまう。しかし、生態系が安定していると判定するのは難しく、同様に安定が崩れるときをみきわめるのも難しい。シ

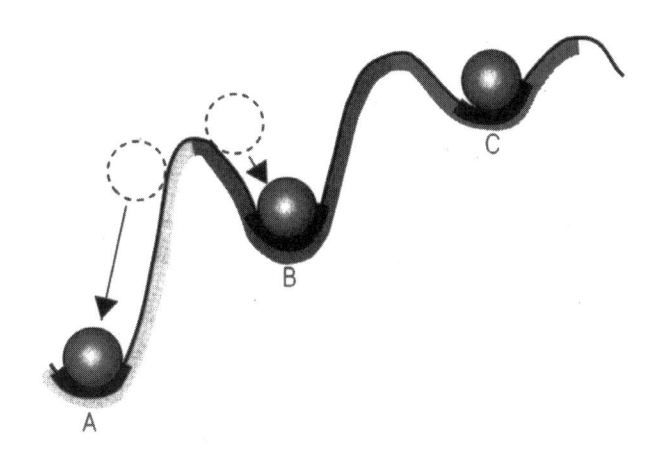

図4　いくつもの平衡状態を持つシステムの安定性
　　図の球はシステム。凹部が平衡状態（システムが安定である状態）を示す。球の位置をある程度動かしても、それが同じ斜面上であればもとの凹部に収まるが、凸地を越えて別の斜面へ移動させると別の凹地にはまってしまう［鷲谷・矢原 1996］

ステムがあまりに複雑だからである。（図4）

　海には、まだあまり研究されていない生態系がたくさんあり、それらはさまざまなストレスを受けている。多くの生物群集は長期間にわたる変動についての調査がなされていないので、それらについてのベースラインはない。新たな研究をはじめるとき、参考資料をもとにベースラインを求めようとするが、そこで得られるものは、ある生態系が最も安定で、多様性が最も高くなった状態を示したものではない場合が多い。つまり、その生態系はすでに乱されて別の平衡状態に移ったものかもしれないし、不安定なものであるかもしれない。ある特定の生態系のベースラインスタディが正確でなかった場合は、本来の生態系の平衡状態や生物多様性の特徴や状態を知ることができず、不完全な段階でその生態系を特徴づけてしまうかもしれない。そうすればあとの評価は的外れなものとなり、その生態系の保護を目的とした政策の有効性も失われてくる。生態系を自然な状態に回復させようと保護対策に取り組んだ結果、かえって生態系を不安定にし、知らず知らずのうちに生物多様性を低下させてしまうこともおこり得るのだ[7]。

　スクリップス海洋研究所のデイトン（P. K. Dayton）は、ベースラインが変わ

りつつあることを懸念し、漁業が海洋環境をひどく悪化させてしまったと次のように述べている。

「取り返しのつかない問題は、無傷の生物群集を研究し理解する機会を失ってしまったことである。ほとんどの場合は元の棲み場の状態がどんなものだったかわかっていない。ひどく傷つけられてしまった生態系の真の姿を知ったり修復したりすることはもうできないかもしれない。事実、自然に対する見方は、世代別の研究者によってはずいぶん違ったものとなっている。博識のある高齢者の死とともにかれらの持っていた文化や言語が失われていくように、私たちは健全な元の生態系にみられたはずの進化の知恵を永久に失ってしまいつつある[8]。」

4. 遺伝的多様性

ここまでは種の多様性や機能群の多様性に注目してきた。しかしながら、遺伝的多様性や個体群の多様性もまた重要である。ある海域でひとつの種のようにみられていた複数の個体群が、実際には遺伝的に異なった複数の種からなっていることがわかった例は少なくない。

4-a. 遺伝的集団

刻々と変化する環境の動態をうまく利用しながら、多くの生きものは、海流のなかにたくさんの卵や子どもを産んで子孫を分散させ、好ましい環境の場に分布域を広げている。それらの生殖活動を通じて多くの遺伝的交雑がおこり、遺伝子が混ざりあうことで個性の多様性が保たれつつ種が維持されている。

個体の染色体の遺伝子構造を明らかにすることができるまでに進歩した分子生物学の技術によって、しかしながら、多くの海産種で、離れた個体群の間には決定的な遺伝子レベルの違いを持つものがあることが明らかになってきた。遺伝的に明らかに違う個体群は地理的に隔離したものが多いが、一時的な分離にしかすぎない場合もある。ある微小藻類では、春に大増殖するものと秋に増える、遺伝的に異なった2つの個体群が同所的に存在する[9]。

地理的に隔てられた2つの個体群がある場合、境界での非生物的環境の違いが

双方の個体群の幼生にとって分布の障壁となるので遺伝子の交流は妨げられる。そのため2つの個体群の成体の分布の間には明瞭な物理的境界が認められなくても、遺伝子レベルでは違いがはっきりしていることもある。このような例は、成体が海底に着生するか海底であまり動かない底生生物でよくみられる。大抵の場合、地理的隔離はそれぞれの個体群を完全に異なった別の種までに分化させてしまうわけではないが、遺伝子レベルで明らかに区別できる個体群やいくつかの個体群からなる系群をつくるには十分である。

　ザトウクジラやコククジラを例としてあげるなら、異なった海域にみられる個体群には遺伝的な違いが認められていて、一部の個体群は絶滅が危惧されている。大西洋のニシンには少なくとも21の系群が知られ、それぞれが違った分布と回遊経路を持ち、魚体の大きさも産卵期も異なっている。一方、造礁サンゴのミドリイシ類は一斉産卵のときに、異種間で比較的高い比率で交配する組み合わせと全く交配しない組み合わせがある。

　海に棲むある種の植物や動物にとっては、種というものは必ずしも多様性を表す単位として適しているわけではないのかもしれない。分化した個体群や系群の多さは遺伝的多様性の程度を表すものだから、生物多様性を保全するためには無視できない。種を護るのと同様に、個体群と系群を護り、遺伝的集団の存在を意識することは重要なことだ。地域的な遺伝的集団の重要性はしばしば強調されている。だから、同じ種であってもある個体群を遠くの別の個体群が棲む生態系に移入することは勧められない。そこでの交配によって新しい世代の遺伝子構成が変わるだろうから、種族は安定して継続できなくなるかもしれない。[10]

　汚染のような環境ストレスに対し、同種の個体群間で反応が異なることがよくある。頭の両側に2本ずつのとげをもつカジカ（魚）は沿岸域の汚染の影響を評価する生物指標種とされてきたが、対象となった個体群がほかの個体群と遺伝的に同じかどうかが明らかでないかぎり、影響を評価できないことがわかってきた。高レベルの汚染下では、その大きいストレスに適応した特定の個体群の増加をみることがしばしばある。例えば、泥中に棲む線虫の一種には、カドミニウムのような有毒な化学物質にかなり強い耐性を持つ個体群が存在し、汚染下では清浄な泥の中に棲む個体群よりも個体数を増やすことができる。そのような耐性は子孫に受けつがれているから、それがその個体群の遺伝的特性なのであろう。[11]

遺伝的多様性は種の機能とも関係があるだろう。海産硬骨魚類を例にあげると、かなり特殊な環境にのみ適応した狭適応種にはひとつの個体群内に遺伝的なばらつきがみられる。しかし、広範囲の環境条件に耐性を持ちさまざまな機能を有する、広適応種ではひとつの個体群内の遺伝的変動は小さい[12]。

4-b. 姉妹種

1970年代から始められた海洋汚染の研究で、それまでひとつの種と考えられていた個体群の中に、形態では区別がほとんどつかないが遺伝子レベルで異なるいくつかの集団が発見された。このように、棲み場がほぼ同じか隣接していて、形態がきわめて似ているが生殖的に隔離されて種としての特性を備えている種群を姉妹種（同胞種）とか隠蔽種という。汚染度の指標によく使われるイトゴカイ科の*Capitella capitella*の遺伝子解析から、1976年には*Capitella*属に構造の異なる6種があることが明らかにされたが、さらにより詳しい研究によって、のちに15種類にも分けられた。こうして、種間の相違が明らかにされ、それらを用いて汚染状態をより詳細に示すことができるようになった。しかし、もっと重要なことは、海にはあるひとつの種を起源としたたくさんの種が存在することと、かつて考えられていたように、あるひとつの種が広い範囲に分布しているというようなことはあまりないだろうと思われるようになったことである[13]。

より最近の研究では、商業価値の高い魚種を含むほかのたくさんの種類でも、種内の遺伝子構成は複雑であるということが明らかになっている。汚染指標生物として何年も利用されてきたムラサキイガイ（*Mytilus edulis*）は3種に分化していることが判明して、以前は違ったレベルの汚染とされていた差異を種によって示すことができるようになった。造礁サンゴの同定も隠蔽種の出現により大きい影響を受けた。例えば、カリブ海のキクメイシサンゴの*Montastraea*属は、以前1種のみであると考えられていたが、今では3種またはもっと多くの異なった種からなっていることが知られている。カキやサバなどのなかにもいくつかの姉妹種がみつかっているし、普通のマイルカ（*Delphinus delphis*）と思われていたものにも、分布域の異なる姉妹種の存在が明らかにされている。深海に棲む種についてはただでさえ知見が乏しいが、姉妹種の存在がめずらしいことではないことがわかってから、分類学はより難しさを増し、種の同定はよりいっそう困難になっ

た。ちなみに、前述の*Capitella*属のいくつかは深海にだけ分布するものである。[14]

5. 微生物の多様性

　微生物は、海の生態系にとって非常に重要で不可欠な構成メンバーである。採集や顕微鏡観察の方法や分子生物学の技術が進歩したことによって、今では最も小さな生きものの識別ができるようになり、海中であればどこにでもバクテリアやウィルスが多量に存在し、それぞれが生態系の中で重要な働きをしていることがわかってきた。海では植物プランクトン（微小藻類）が本質的に食物連鎖の基礎であり、生物生産がその成長と繁殖のエネルギーとなる太陽光と栄養塩類に依存していることはかなり前から知られていたが、基礎生産者としてのバクテリアなどの微生物の重要性は明らかにされはじめたばかりである。近年、外洋の深層や貧栄養海域の表層から極微小の光合成微生物が予想もできなかった高密度で発見された。それらの中には約0.2ミクロンの真性細菌や原始的な微生物である原核藻類の*Prochlorococcus*やバクテリアに似ているが温度や化学耐性の大きい古細菌（Archaea）が含まれている。外洋域で原核藻類は、シアノバクテリアとともに光合成に大きい役割を担っているようだ。種類は違うが、原核藻類は海産の群体ホヤにも共生している。[15]

　微生物の種を同定することは今日でもきわめて難しく、それらがどのように進化してきたかに関してはほとんど何もわかっていないが、それらの生態系内での多様な働きについてはかなり明らかにされた。例えばバクテリアは炭素、窒素、硫黄の循環に関して主要な役割を果たしており、どのようなタイプの環境にも特別な役割を担った種や集団がみつかる。それらは微小藻類や原生動物から排出される炭素に富んだ複雑な有機分子を消化し、また動物プランクトンの糞塊内の有機物を分解して同化している。バクテリアはまた海水中の有機物や残骸片のまわりをつつみ、それらを自身の栄養となる元素レベルにまで分解する。栄養塩類の再生産はこのようなかたちで海のすべての深さで行われているのである。動物の遺骸や大きい有機物のかたまりは海底まで沈んでからバクテリアによって分解される。しかし、表層や中層で再生産がさかんに行われた場合は、それらは海底に

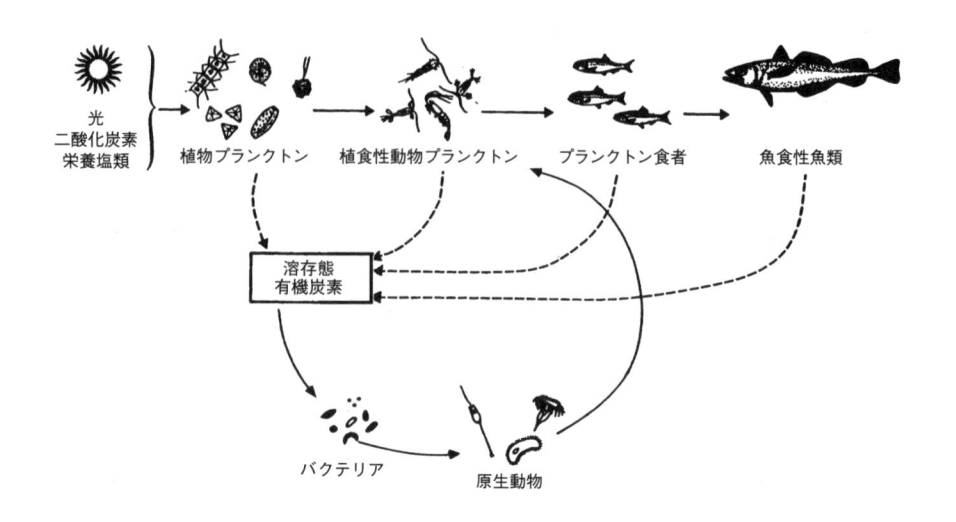

図5 海洋の生食連鎖（植物プランクトンから魚食性魚類へ）と微生物連鎖（バクテリアと原生動物）
点線は代謝過程における溶存態有機炭素の放出を示す。溶存態有機炭素は従属栄養バクテリアの炭素源となる。生食連鎖とは別に、従属栄養バクテリアから原生動物、そして大型プランクトンへ至る微生物連鎖がある

達するまでに水中で完全に分解されてしまう。バクテリアの集塊は生きていても死んでいても、マリンスノーのかたちで海中に漂っている。深海で写した写真の背景のいたるところに白いぼたん雪のようにみられるのがそれである。

　海のほとんどすべての生きものは光合成によって生産された有機物を根幹にした食物連鎖の上で生活しているが、少数の特殊な生きものは単純な化学的結合（化学合成）によるエネルギーを使って生きている。光合成ができるのは藻類のほか、既に述べたようにやシアノバクテリアや原核緑色植物などで、それらは海中で浮遊生活をしたり、ある種の海産生物と共生したりしている。

　現在はわかっていないが、同化や分解などのさまざまな微生物の働きは、種の多様性の重要さにかかわりがあるものと考えられる。そのうちにおそらく多くの機能群が発見できるだろうし、大きさと機能の関係もわかるであろう。食物連鎖を通じての物質循環の流れは基礎生産者の大きさによって決まる。つまり、大きな個体はすぐに動物プランクトンに食われ、捕食者のエネルギーに変換されて大型動物に続く生食連鎖に取りこまれるが、微生物のような小さな個体は栄養塩類

の生産や再循環に関係する微生物連鎖に取りこまれる。それらは大きな有機物のかたまりや大型動物の体表に集塊を形成し、小さな原生動物に食われ、原生動物がさらに大きな動物に食われたとき、はじめて生食連鎖に入る。(16)（図5）

6. 海と陸の生物多様性を比べてみれば

　私たちが知っている生物種の約85％は陸生のものである。確かにこれまでに海で記載されている種数は陸生のそれに比べて少なかった。しかし、海にはもっと多くの種が存在しているのではないかという疑問が残されており、その可能性は高い。最近、胴甲動物門（Loricifera）と有輪動物門（Cycliophora）という新しい生きものが海の中から発見された。前者は堆積物の粒子の間に棲み、後者はアカザエビの口器に外部寄生している。陸上では90％の種が昆虫や蜘蛛などの節足動物門に含まれてしまうのに対して、海では種は分類体系で高い階級の門や綱に散らばって、多様性を高めている。比較に用いられている門の数は研究者の見解によって少しは異なるが、35の動物門のうち、34門に海産動物が含まれているのに対して、陸上動物が含まれるのは12門だけである。また21門は海産種だけで、陸生種だけからなる門はひとつしかない。綱レベルでは全体の90％が海産である。もし普通の大きさの植物と動物だけをみると海産種は43門にまたがるが、陸生種は28門だけである。微生物で海と陸上とを比較するのは分類学が不完全な現状では難しいが、海では少なくとも34門と83綱の存在が知られている。(17)

　種の多様性について、ある科学者は海に棲む種の数は生物全体のわずか15％であると信じているし、2％程度という人もいる。しかし、別の人たちは陸上と同じ程度にたくさんの種が存在し、そのほとんどは底生生物だろうと考えている。海には高い階級の類群が多く存在するのに、種数が少ないということを説明するために、いくつかの仮説が出されている。それらは動物の主要な分類群が太古の海で分化したという進化の過程や海と陸上での分散の違いや気候的変動の規模にかかわる地球環境の違いを原因にあげている。また、捕食者と餌生物の動態や自然における種間作用の違いも要因とされている。(18)

　種の数を調べることは、手間のかかる、あまり面白くない作業である。種数は

それを数える研究者が目にみえる範囲の生きものについてどのぐらい知っているかによって違ってしまうし、非常に小さい種や逃げ足の速い種は見落とされやすく採集しにくい。新しい採集技術の進歩や調査範囲の広がりによって、以前よりもっとたくさんの種の発見ができるようになったが、自然界でそれぞれの種の生活史や行動を明らかにするまでには至っていない。また、それらについての遺伝学的研究という途方もない大きな仕事は始まったばかりである。

　たぶん、何人かが指摘しているように、単に種の数を数えるだけということはたいして意味はなく、生態系にとってはそこにみられる生物群集の生活史や機能を知ることのほうがより重要だろうと思われる。

　変化に富む海流の中や海底で、種はさまざまな方法で食物を獲得している。海で最も重要で、しかも典型的ないくつかの摂餌生態や捕食の動態は陸上ではみられないものである。結論を先に述べると、海の食物網は陸上より複雑になる傾向があり、栄養段階の数も多い。動物プランクトンからフジツボやイワシ、ジンベイザメやひげ鯨まで共通してみられる濾過食、つまり水を濾してその中の食物をとる方法は、水界の生きものだけにみられる捕食方法の典型例である。濾過食には特殊で複雑な機能や構造が必要であるが、水界では餌生物が水中を漂ったり流れたりしていることと、捕食者の体の大きさに比べて餌がきわめて小さいことなどから、ブラシ状の摂餌器官や粘液でつくられた網を用いて海水中から食物を濾し取ることが栄養獲得には最も効率がよいために、濾過食に進化したものであろう。人間も自然をまねて、海水を濾して食物を得るための道具をつくった。漁網である。[19]

　陸上で種の多様性が高まるための要因は、まず植物が広い範囲で立体的で複雑な物理的構造を形成することである。海には、塩生湿地やコンブの森や岩礁やマングローブ林やさんご礁を除いて、そのような複雑な構造はない。最もこみ入った構造がみられるのはさんご礁である。いろいろな形のサンゴの群体とその基盤がつくる複雑な礁の構造は物理的環境を複雑にし、さらにそこに棲む生きものによる穿孔や破壊作用によって棲み場の形状は次第に変わる。その結果、棲み場の多様性は高まり、生物間の相互作用も増える。しかしながら、さんご礁が破壊されたり、種の構成が単純化したりした場合、繊細な生態系は簡単に崩れてしまうだろう。[20]

一般に、海にはひとつの地域または限られた場所にだけ棲む固有種が陸上に比べて少なく、多くの種が比較的広い水域にわたって分布していると考えられてきた。海産種にも、まれに分布が特殊な環境に限定されているものもいるが、そのような環境は大抵、物理的または地球化学的に隔離されている海底で、礁や海溝や海山や熱水噴出孔や冷水湧出孔がある場所である。しかし、海には幼生や卵を分散させるには都合のよい流れがあって、分布を広げやすいから、そんな場所でも真の固有種はできにくいという考えが多い。反対に、固有種は海でも稀ではなく、少なくとも底生生物にはみられるという考えも出されている。[21]

　水温の低下や波浪による水の擾乱などによって、環境が規則的に大きく変化するようなところで、底生生物はある適当な時間や季節を選んで卵や幼生を水中に分散させて種の維持を図っている。この生き方は幼生を新しい生息地に進出させる一方、離れた地域から幼生を補給して新しい群集を形成する非常に重要な戦略である。陸上生物の多くは親の近くで子どもが育つ戦略をとり、また子どもはしばしば親に頼る。これに対して海では、子どもは発生初期から親の個体群からは離れたところで育ち、親と子は互いに関係しないことが多い。また、ひとつの種は生涯ひとつの生態系にとどまって生きていくのではない。そして幼生と成体では大きさや形態が著しく異なる。

　このことは陸上の代表的な動物の大きさの違いと魚類のそれとの違いを比べてみればわかるだろう。陸上動物の場合、一生涯の個体の体積の増加量は$10 \sim 10^3$倍だが、魚類は$10^3 \sim 10^7$倍にもなる。ビゼンクラゲのポリプは浅海に着底して育ち、変態してクラゲになってから水中を漂いはじめる。その稚クラゲの傘の直径は約1.7センチメートルだが、4カ月たらずで70センチメートルに成長し、重量は4.5×10^4倍に増加する。個体の成長にともなって餌や分布の場所や深さが変わり、食物網のうえでの位置や種間関係をさまざまに変えていくのがまた、陸上の動物にみられない、多くの海の生きものの特徴である。

6-a. 物理的特性

　海の生きものに影響を与える最大の要因は、海水が液体であるということだろう。それは受精を助けたり、たくさんの種の分布を広げるだけでなく、栄養塩類が溶けたり循環したりするのを促している。栄養塩類の分布のパターンは生物生

産を左右し、その動態は種の多様性にも影響を与える。また、水が循環すると有毒な汚染物質が拡散して、広い範囲で生物群集に悪影響を与える。

　海と陸の生態系は自然環境の変動の規模でも異なる。海の物理的環境は変化が小さい。陸上の季節的なあるいは年間を通じた激しい気候の変動とは大きな違いである。穏やかな環境をもたらすのは、水の持つ熱容量の大きさである。それは大気全体の約1000倍もあるから、水はかなりの熱を吸収しても温度がわずかしか上昇せず、相当量の熱を失ってもわずかしか下がらない。海の生きものは水に浸っていることによって、陸上の種が耐えなければならない乾燥というストレスからまぬがれている。陸上におけるすさまじい環境の変化は、そこに棲む生きものにその変化に耐えられるような物理的、生理的な機能を発達させた。反対に、海の生きものは、水ぎわに棲むものを除いて、変わりやすい環境に適応する必要がなかったし、水を獲得したり保存したりするように進化する必要もなかった。結果的には、これらの違いから大抵の場合、海産種のほうが陸生種よりも人間活動による環境の攪乱には弱い[22]。

　陸上の環境では異なった生態系間の物理的な差が大きいのに対して、流動する海の中では海と陸の狭間のような場所を除いては、境界での違いはそれほど著しくないし、境界の位置は常に変化している。それでも海での生態系の違いというのは、海流系や温度や塩分濃度や照度といった物理・化学的特性によって決まっている。海水には切れ目がないが、海流が微妙に違った性質を持つ水塊を形成し、小さな生きものはその物理的な境界を越えることができない。生態系はそのような境界によって決定されるのである。海流や密度で仕切られる生態系の範囲は大きい。海流の循環は緯度に沿って展開されているので、世界の海での植物相や動物相の分布も多くはそれらに合っている。これまでの研究をもとにすると、外洋の漂泳生物の地理的分布は海流系によって仕切られた14ほどの水域に分けられる。水域と水域との間には広い混合域（移行帯）があって、そこでは両方の水域の種と移行帯固有の種が混じった特有の生物相がみられる[23]。（図6）

　水深というのは、海の持つ、陸上とは違った特性のひとつである。三次元の世界でいのちを維持するために、海では陸上にみられない生活形が発達している。即ち、生きものが鉛直方向に変化する環境や餌の分布に適応して暮らしているのだ。植物は光合成のできる有光層にとどまらなければ生きていけない。光の届く

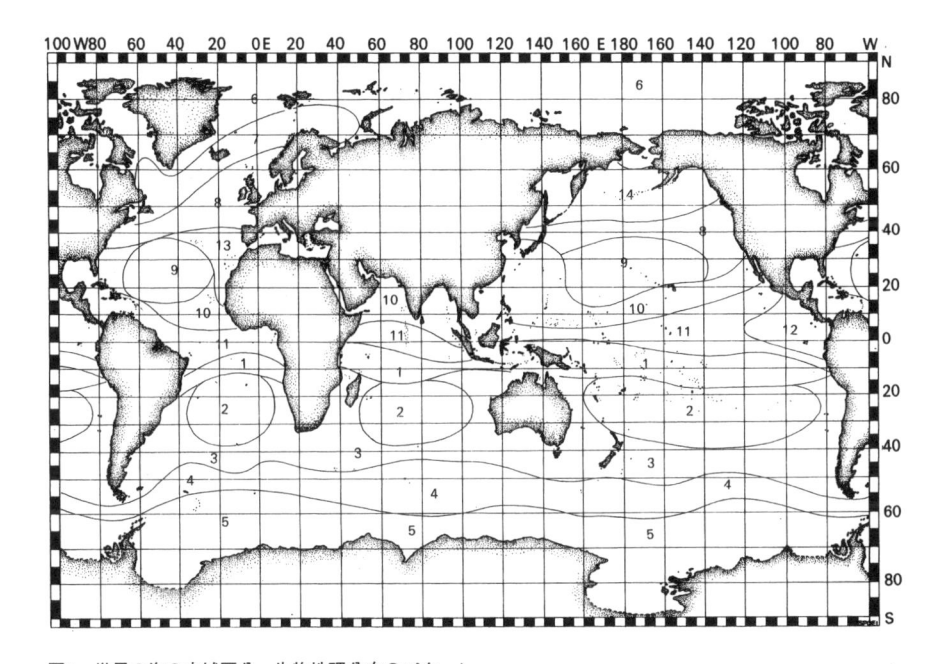

図6 世界の海の水域区分。生物地理分布のパターン
　　1：南熱帯－亜熱帯域、2：南中央環流域、3：南移行帯（混合）域、4：亜南極域、5：南極環流域、
　　6：北極域、7：亜北極域、8：北移行帯（混合）域、9：北中央環流域、10：北熱帯－亜熱帯域、
　　11：赤道域、12：東太平洋域、13：北大西洋－地中海域、14：北太平洋亜寒帯環流（北洋）域
　　[Van der Spoel and R. P. Heyman, 1983]。世界の主な海流は図11を参照

　深さは水の透明度によって変わるが、普通、海面から10～200メートルの間である。動物も食性にしたがって、植食者は藻類の繁殖がさかんな表層に、肉食者は餌生物の種類によって特定の層に、そして遺骸などの有機物を食べる腐食者は海底にそれぞれ棲み分けている。種間競争や捕食圧も生きものの鉛直分布に影響を与える。このように、水深は種の多様性を高め、複雑な食物網と相まって機能群の多様性を高め、群集・生態系の多様性を高めている。

　陸域と海域の間に明瞭な境界があるのと同じように、大気圏と水圏の間は厚さ50ミクロンにすぎない海面ミクロ層によって分けられている。そして大気と海水はこの薄い境界面を通して相互に物質を交換している。大気からは二酸化炭素や酸素や有毒物質などが海水に溶けこみ、海からは気泡などのガスが大気中に発散される。海面ミクロ層には水分子が凝集していて、その下の海水とはあまり混ざ

らない。化学物質やある種の生きものもこの層に集中している。いくつかの種は表面張力や浮力を利用して浮かんだり海面にしっかりとぶらさがったりして生きている。また、卵や幼生のときにだけ、そこで生活する種も少なくない。

6-b. 化学的・生化学的特性

さまざまな物質を溶けこませている海水の中では、生きものが関係した化学反応がさかんにおきている。海であれ陸であれ、動植物は特定の化学物質をつくって生殖の相手を誘引したり、捕食者の危険から逃れたりするためのシグナルに用いている。また、それを使って競争者を脅したり、競争者との間に一定の距離を保ったり、同じ種やほかの種の成長を促したりすることも知られている。化学シグナルによる情報伝達は水中ではきわめて重要で、底生生物の幼生にとっては、着底のとき、「この場所が着底し変態するに最適ですよ」という基質上の藻類や微生物から送られる化学シグナルが生死を決めるすべてである。

アワビの幼生には、その生息に好適な岩礁域に育っているコブイシモ（*Hydrolithon*）のような紅藻類が発する特別な化学物質が必要である。そのような化学シグナルがない場所では幼生の着底や変態はおこらない。幼生の浮遊期間は短く、大抵は数週間だが、この間に幼生は着底に好適な場所をみつけなければならない。アワビは大きくて成長の速い褐藻類を食べるが、岩を薄く覆うようにゆっくり成長する紅藻類は食べない。このような関係は造礁サンゴのミドリイシ類のプラヌラ幼生の着底と石灰藻や特定のバクテリアとの間でもみられる[24]。

海の生きものには自己調節のための化学シグナルの存在も知られている。例えば、産卵期のアワビの場合、数個体が海中にホルモンを放出することによって全体が産卵を始め、水中に一度に多量の卵が放出されることで交配の機会が高められる。同じような化学シグナルはニシンやバイ類でも知られている。かれらはそれによって交配のチャンスや餌のありかを知るのだが、水の化学的な汚染のために、このような化学シグナルの活性や伝達が妨げられたり混乱すると生存が脅かされることになる。アワビでは、過酸化水素のような刺激物が産卵を促すようなホルモンを分泌させてしまうことが確かめられているし、バイ類では、廃棄物から溶出した化学的汚染物質によって食物を探す反応が遅れることが報告されている[25]。

海では生きもの自体も毒をつくる。特に熱帯のさんご礁域では、たくさんの種がさまざまな毒をつくって捕食からまぬがれようとしている。またもっと広い場所でも、多くの植物プランクトンが種間競争に勝つために毒をつくっている。通常、プランクトン群集は多様であり、毒の影響はプランクトンの段階でとどまるが、毒を持っている特定の種にあまりにもよい条件ができると大増殖をおこし、その種に触れたり食べたりした魚や鯨や人間など、より高次の栄養段階の動物を毒で侵すようになる。このような現象は赤潮とか有毒藻類の異常発生とよばれ、近年頻繁に発生するようになってきた。その原因には、少なくとも一部では、都市や農地から流入する栄養塩類の増加やそのバランスの崩れがかかわっている。

7. 生物多様性の分布スケールとパターン

　海の生物多様性は、種々の時空間スケールで働く物理過程と生物過程の相互作用によって決定されている。また、生態系にはいろいろな空間規模のものがある。したがってある特定の生物多様性が研究や保全の対象となったときには、それに影響を与えると思われるさまざまな規模の物理・化学的要因と生物的要因の相互関係を知らなければならない。

　私たちの住む地球の将来にとって、最も心を配らなければならないことのひとつは、地球規模の生物多様性の保全なのだが、そのような大きいスケールを対象にしている科学者や政策担当者はほとんどいない。海であれ陸上であれ、もう少し狭い空間の問題の方がわかりやすく、また扱いやすいので、科学者は物理・化学的あるいは生物的な特性をもとに小さな範囲を限定し、政策担当者は法律をもとに生態系の範囲を決めようとする。しかし海の自然を政治的な境界線で管理することには無理があるので、科学的な知見をもとに、ひとつの生態系の範囲を限定して、保護や管理方法をたてなければ効果は少ない。

　それでも、海では、そこにみられる生きものも化学物質も特定の生態系にきっちりと囲われるものでなく、周辺の生態系と時間的にも空間的にも重なる開放系だから、生物多様性の保全は容易ではない。ある河口域の種の多様性を考えるとするならば、そこの生きものが出入りする近接の沿岸域のことを考える必要があ

るし、水の出入りの割合や汚染源（いくつかはかなり離れた場所にあることもあるだろう）や年間を通した気候の変化や傾向なども考慮しなければならない。また、沿岸や外洋の生態系では、時空間的に変化する海流や湧昇や乱流のパターンなどの過程にも注意を払う必要がある。そこでの生物多様性はひとつの生態系の範囲にはとどまらず、さらに大きなスケールで展開しているのだ。一方、生態系の内側では、小さい規模に働く物理的あるいは生物的な作用によって、種の分布は一様でなく、しばしばパッチ状になっている。

7-a. 種の多様性の傾き

　普通、研究者は海藻類や動物プランクトンや魚類や造礁サンゴといったひとつの生物群か、カイアシ類とかオキアミ類とかのもっと小さな分類群を研究対象に選ぶ。すべての生物群集について調査した報告はほとんどないので、ここに紹介する結果は一般的な傾向にすぎないが、海の生きものについての調査と化石からの情報をもとにすると、広い範囲にわたる種の分布にはいくつかのパターンと傾向が認められるようである。しかし、あるタイプの生物群と別のタイプの生物群では若干の違いがある。もちろん常に例外もみられるが。

　共通にみられる種の多様性の変化は、緯度に沿ったものである。北極海は成立してからの地史的な時間が短いので、太平洋や大西洋より固有種が少なく、多様性は低い。北半球の極域から赤道域の間では、高緯度から低緯度に進むにつれて種の多様性が増す傾向が、ある種の化石や現生の軟体動物で示されている。似たような傾向は深海の熱水噴出孔の種の多様性にもみられるようである。プランクトンではそれらとは違った傾向がみられている。即ち、種の多様性が最も高まるのは北緯15度と40度の間である。海藻類も同様に中緯度域でピークとなる。しかし、こうした傾向は南半球では明瞭でない[26]。

　経度でみると、造礁サンゴの種の多様性はさんご礁が広がる太平洋の西側の熱帯域で最も高い。さんご礁にみられるすべての種の多様性も、太平洋の方が大西洋よりも圧倒的に高く、マレー半島とフィリピンとインドネシア群島で囲まれた水域で最高になるが、これは、最後の氷河期に面積が比較的狭かった大西洋では全体の水温が低下したのに対して、広かった太平洋では温暖な水域が残されて進化のための安定した時間が保たれた結果、多くの造礁サンゴが生き残ったという

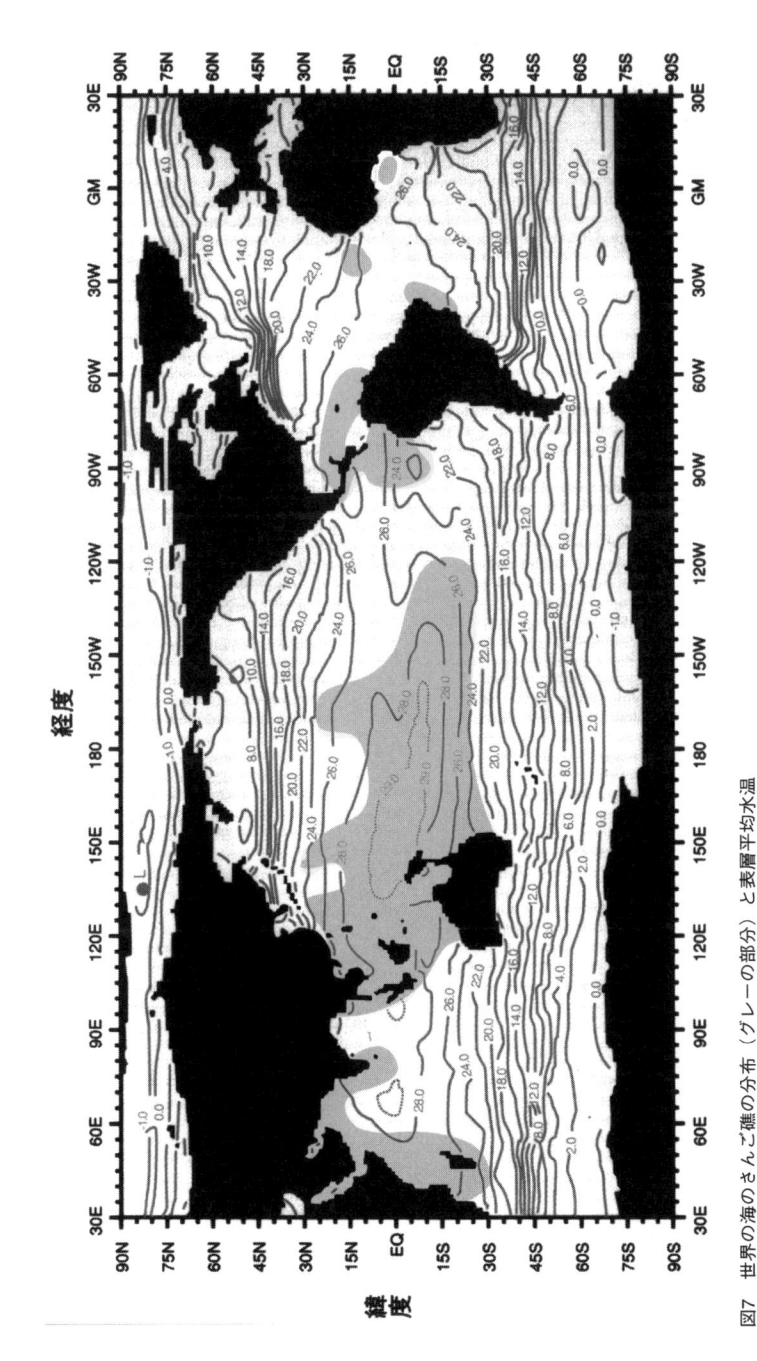

図7 世界の海のさんご礁の分布(グレーの部分)と表層平均水温
年平均の海水温は最高がオーストラリアの北の29.5℃、最低は北極海の−2.3℃である。世界のさんご礁は、およそ表層水温が24℃以上の水域に分布するが、暖流の勢力が強く、島や浅い海域が多い海域で広く発達する。また、大きな河川が流入する海域の西側に広く発達する。また、大きな河川が流入する海域ではさんご礁はみられない

地史的な理由で説明されている。また、どちらの海でも西側で種の多様性が高いのは、東側に比べて浅くて、いろいろな大きさの島や列島が多く、さんご礁が発達しやすかったことと、海流の流れによって東側より温暖な水域が高緯度に張り出しているためである。(27)（図7）

そのほか、大陸棚から外洋に向かって変化する種の多様性の傾きが観察されている。長い間、底生生物は一般に水深が増すにつれて種数が減るとされていたが、軟らかい底質に棲むメイオベントス（間隙動物）について調べた近年の調査によると反対の傾向がみられ、多様性のピークは大陸棚より外側の水深1500～2000メートルの範囲であることが明らかになった。しかしプランクトンやマイクロネクトン（小さな魚や遊泳性のえびなど）ではこのような傾向はみられず、多様性は鉛直方向には1000～1500メートル付近で最大になるようだ。また、海底境界層（海底直上に形成される特定の性質を持った水の層）のあたりでは、そこに特徴的に生息する近底層性のプランクトンや底生生物が加わるために、種の多様性は再び増加する(28)

ひとつの生態系がどのぐらいの種の多様性を持っているかを示すような明瞭な地理的パターンはないが、潜在的な種の多様性には地域ごとに限界があるようだ。どのぐらいのレベルの多様性が実際にみられるかは、その場所の種に影響を与える物理・化学的作用と生物的作用の結果によるものと考えられている。

7-b. 海洋の生態的区分

海は広大だから、科学者や政策担当者はそこを研究したり、そこでの人間活動の影響を調査したりしようとするとき、水域や深さを分けて考えたがる。まず基本となるのは対象の環境が水柱（漂泳界）かそれとも海底（底生界）かということである。それぞれの場の物理的、生物的な特性は違う。海底には水柱より多くの種類の動物が棲み、浅海の海底には海藻や海草がみられる。

これまでの詳細な調査によって、生きものの分布は鉛直および水平方向により細かく分けることができるようになった。底生界は潮間帯から水深約200メートルまでは緩やかに傾斜した海底が続き、浅海帯とよばれる。大陸棚を過ぎると傾斜が大きくなる。この部分は大陸斜面で、水深2000～4000メートルまで漸深海帯とよばれ、水深約4000メートルになると再び平坦な深海平原に続く。約3000メー

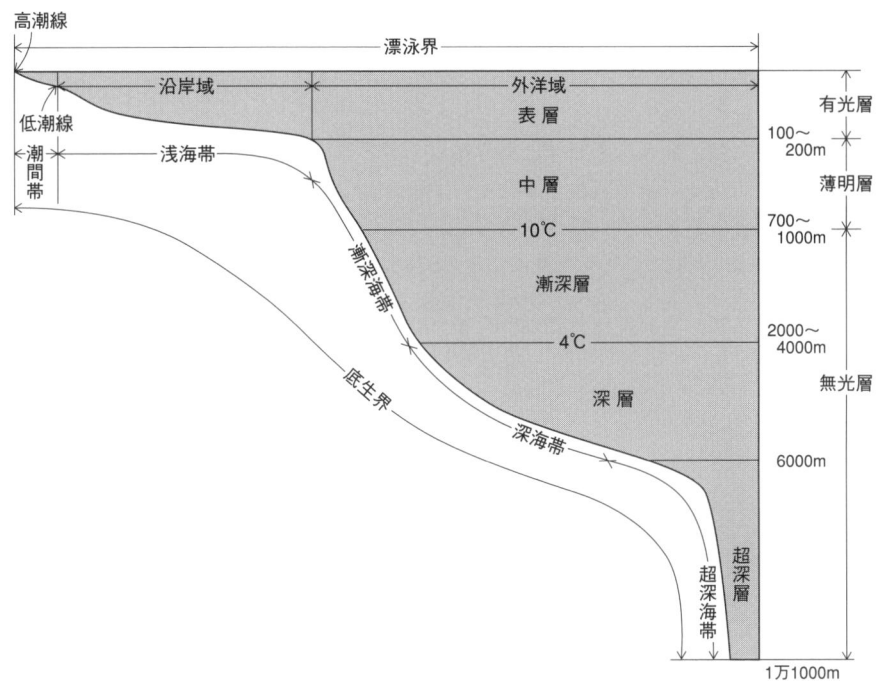

図8 海洋の生態的区分

トルから約6000メートルまでは深海帯である。海底には最も深いところでは1万1000メートルもある海溝に落ちこんでいる個所がいくつもあり、6000メートル以深の海溝の底や両側は超深海帯とよばれる。

　一方、漂泳界も海面から海底までいくつかの層に分けられ、100～200メートル以浅の表層（有光層）と、その下の700～1000メートルまでの中層（薄明層）と約1000メートルから約3000メートルまでの漸深層と、約3000メートルから約6000メートルまでの深層と、約6000メートルから1万1000mメートルまでの超深層がある。漸深層以深は光が届かないので無光層ともよばれる。また、研究者によっては漸深層と深層を一緒にして深層とよんでいる。これらのほかに生態的特徴を持つ海面極表層と海底境界層が研究の対象にされることがある。(図8)[29]

　ところで、日本で「海洋深層水」という名で飲用に市販されている海水は、ほ

とんどすべてが沿岸の水深700メートル以浅の中層から採取されている。中層には日周鉛直移動によって動物プランクトンが常に表層から物質を運びこんでいるために、そこからくみ上げた水の性質は、真の深層のものとは異なるはずだ。

　水平方向には、分布は沿岸域と外洋域に分けられる。沿岸域の生態系の特徴は、比較的狭く、陸域と密接な関係を持ち、一般に陸上から供給される栄養塩類に富んでいることである。沿岸域は人間活動による影響を最も多く受けるので、その生態系は現在では既にかなり変化してしまっている。沿岸域の内側の境界線は海岸であり、外側の境界線は外洋域へと推移するところだが、そこは海底の地形や大陸棚の縁の連なりによって決定されるので、境界までの岸からの距離は場所によって異なる。沿岸域と外洋域との境界は、そのあたりがだいたい、排他的経済水域（EEZ）の境界と重なっていることが多いので、生態的区分よりも政策的に重要な意味を持つかもしれない。沿岸域と外洋域の生態的区分はあいまいで、境界を通じて両者は物理的、生物的に相互に関係しあっている。分布が片方の水域のみに制限される種は多いが、境界を自由に行き来するものもいる。2つの水域のつながりを理解することも、海の生物多様性を保全するために不可欠といえよう。

第3章
沿岸域の生態系

ミズクラゲ
(ジェルシイ、1994)

沿岸域とは、陸と海の境界線である潮間帯や波打ちぎわから広大な大陸棚の外縁まで続く場である。海側では潮汐の影響を受けている河口の汽水域や入江は沿岸域に含まれる。そこは単なる海の縁ではなく、海が陸地や河川とつながる重要な場所である。一部の科学者は河口域を意識的に沿岸域に含めている。なぜならそこは沿岸域の生物生産の原動力として欠くことのできないいろいろな物質を溶かした淡水が海水と混ざる場所だからだ。

　海全体で沿岸域の面積の占める割合は10％以下でしかない。しかし、沿岸域は海で最も生産性の高い場所であり、それゆえ、地球上の炭素そのほかの元素や水の循環にとっても重要な場所である。また、ここは種の隔離や融合がおきやすい場でもある。種の分布は温度や塩分などの一定の物理的な勾配によって決定することが多いが、いくつかの種は一生の間にその勾配を越えて沿岸域を通過する。沿岸域はまた、肥料や有毒汚染物質や病原体などが陸地や大気や船舶や海底油田から流れこみ、人間活動の悪影響が蓄積し、さらにそれらの相乗効果が現れる場所であり、同時に漁業や養殖業を営む人びとにとっては収穫の場である。世界的にみて、現在、河川の水は海に到達するまでに、自然流量の50％以上もが農業用や飲料用に取られてしまっている。そして、人口増加や陸地の開発は沿岸域の環境を明らかに悪化させている。

　沿岸域には河口や塩生湿地や岩礁や砂浜やマングローブ林やさんご礁などのさまざまな生態系が存在する。この章ではこれらの生態系の生物過程や生物多様性、および生態系におよぼす人間活動の影響について考えてみよう。

1. 河口域と塩生湿地

　河口域とそれに続く塩生湿地は海と陸上の生態系の接点に位置する。この境界を特徴づけるのは湾、入江、河口、礁湖などである。そこに流入する淡水と海の潮汐作用によって河口域と塩生湿地の塩分濃度は絶えず変わり、棲み場の環境に変化をもたらしている。

　水位の変動と、大陸移動や海底拡大の原因となった地殻の変化によって海岸線の位置は何度も移動した。このような地史的時間の規模でみると、現在みられる

河口域は比較的最近形成されたものということができる。そのため、そこは高い多様性を持つ複雑な生物群集をつくり出すまでの時間がなかった。私たちには同じように美しく、そして多様にみえるが、それより深い場所にある生態系と比べると、ひとつひとつの河口域の種の多様性は低い。しかし、河口域と塩生湿地は陸地と海とが入り組んだ複雑な地形によっていくつもに分けられていて、それぞれに違った生物群集がみられることがある。したがって、全体を集めると生物多様性は高くなる。

　また、河口域は進化の初期段階にあるため、新しい生息地を求めている多くの生きものが分布を広げてくる可能性がある。船舶などによってほかの河口などから新たに外来種が移入されると、かれらはその環境によく適応し、在来種に取って代わってその場で繁栄することがよくある。人間活動の結果、世界中の河口域は種の攪乱という深刻な問題を抱えている。しかしながら、どんな種が移入した場合に元の生物群集を荒らしてしまうのか、どんな種は単に増加するだけなのか、あるいは移入が失敗に終わってしまうのかを予測することは難しい[(1)]。

　河口域の環境は時間的にも季節的にも変化しやすく、物理・化学的要因がその場所の生きものを支配している。かれらの生息範囲を制限するのは淡水から純粋な海水までの塩分濃度の勾配、水温の季節変化、照度、栄養塩類などだが、それは大まかな塩分濃度の変化や、潮汐と季節、そして淡水の流入する場所や外洋域までの距離によって予測することができる。しかし、大雨によって河川の流入量が増加したり、暴風によって海水が侵入したりして塩分濃度が予測不可能な変化をみせることがある。河口域の特徴のひとつである種の多様性の低さは、このような一貫性のない物理的環境の変化と関係があると思われる[(2)]。

　このように河口域では、一般に種の多様性は外海から河口に近づくにつれて低下する塩分濃度と同じように徐々に低くなるが、河川に入ると再び増加する。種数の減少は科の数の減少からも示されている。例外的に、熱帯のいくつかの河口域の塩分濃度は海水よりも高い。降水量よりも蒸発量の方が多いためだが、そこの種の多様性はやはり低い。

　栄養塩類は、河口域の基礎生産や種の多様性に重要な役割を果たしている。河口域では、季節的な降雨や風の影響を受けて、陸から流れこんだり海底からまき上がったりする栄養塩類の量が変わる。また、季節によって日射量や降雨量が大

写真2　塩生湿地。能取湖畔のアッケシソウ群落

写真3　テキサス沿岸の塩生湿地のイネ科植物群落

きく異なる中・高緯度域では、栄養塩類が増えて十分な日射量がある間に微小藻類や沈水性植物が急成長して動物の再生産や成長を支える。種によって成長がピークになる時期は異なるが、微小藻類の種構成は季節と対応していて、成長に適さない期間は休眠芽をつくって河口域の海底で休眠している。一方、動物には1年中河口域に生息するもののほかに、河口域を通過して川から海あるいは海から川へ移動するものや、周期的に外洋から河口域に産卵や索餌のためにやってくるものがある。

河口域は沿岸や外洋の多くの魚類をはぐくむ場所である。したがって、そこの環境状態が仔稚魚の種構成に影響を与え、さらにそこから移動してほかの場所に棲む親魚の群集構造にも影響をおよぼしている。沿岸域の貝類の生産のかなりの部分は河口域からもたらされているといってよい。したがって、河口域の生物生産が低下すれば沿岸域全体に負の影響が出るのである(3)。

河口域は、塩生湿地で囲まれたり、またさまざまな湿地が点在する場所でもある。汽水の潮間帯には、熱帯ではマングローブ林が繁茂し、温帯ではアッケシソウやヨシなどのアカザ科やイネ科の塩生植物群が発達する。温帯と熱帯で共通なのは、砂地に完全に水没した状態で成長するアマモ類（Zosteraなど数種の顕花植物）がつくるアマモ場（海草藻場）が発達していることである。アマモ場ではアマモの群落の隙間に小型の海藻が育ち、外洋種の幼生を含む小動物の棲み場や隠れ場となっている。そこは温帯ではハクチョウやガンなどの渡り鳥の、そして熱帯ではジュゴンの絶好の採食場である。また、アマモの葉上には微小な付着藻類が濃密に育って、葉上に棲む小型の巻貝や甲殻類の餌になっている。水中には100種以上もの植物プランクトンが漂っているが、それだけでは動物プランクトンを支えることはできない。このように河口域では沈水性の顕花植物と微小な付着藻類が基礎生産の重要な役割を担っている。また、アマモのちぎれた葉や付着藻類が分解してできるデトリタスが浮泥として海底を漂い、そこでの食物連鎖には欠かせないものになっている(4)。

潮間帯には泥で覆われた干潟ができる。干潟はほかの湿地と異なり、大型の塩生植物では覆われてはいない。ここの動物は泥中に潜って生活しており、水鳥のきわめて重要な餌になっている。泥中に生息する種類は多くない。ゴカイ、二枚貝、巻貝が優占し、シオマネキ（スナガニ科）がいる。シオマネキは片方のはさ

写真4　石垣島のアマモ場。伊土名地先は日本で最も多様性の高い海草藻場のひとつ [林原毅氏撮影]

みがとても大きいカニで、干潟に巣穴を掘って、潮汐が引きおこす水没と干出のサイクルに見事に適応した生活をしている。潮が満ちると巣穴の入口をふさいで、その中で過ごし、潮が引くと穴から出て干潟を動き回り、泥中の有機物や潮汐の残した有機物を食べている。

　河口域の魅力的な動物であるカブトガニは蛛形類に属し、カニよりもむしろクモやサソリに近い仲間だが、恐竜やそのほか無数の生物がたどった絶滅という道をまぬがれて5億年も生き抜いたため、しばしば「生きた化石」とよばれている。米国大西洋岸のアメリカカブトガニは海鳥たちが春の渡りを行うときの栄養源となる。海鳥たちは5、6月の水温の高い大潮の間に行われるカブトガニの集団産卵にあわせてデラウエア湾やチェサピーク湾で羽を休め、砂中に産卵されたカブトガニの卵を狂ったように食べて腹を満たす。日本のカブトガニ（固有種）は産卵場所がかろうじて残されたが、棲み場の海が埋め立てられてしまったためにほとんど姿を消した。東南アジアに分布するミナミカブトガニも食用、肥料、釣り餌、

写真5　パラオのマングローブ林［田村實氏撮影］

医薬研究などの目的のために乱獲され、また地域の汚染によって生活の場がひどく脅かされている。
　マングローブ林はかつて熱帯の入江や海岸の75％を覆っていた。そしてそこは、河口域に棲む生きものに多様な隠れ場を提供していた。一般にはマングローブとして知られる耐塩性の植物はオヒルギ、メヒルギ、ヒルギダマシなど約50種類ある。マングローブ林は、さんご礁と同様にインド洋と西太平洋の境目あたりで最も繁栄しており、そこから東西に進むにつれて生息地と種数が減少するという傾向が知られている。小動物や幼生の天然の隠れ場所となっているのはマングローブの支柱根の間である。底生生物は主にマングローブ由来の堆積物と泥上の微小藻類を餌にしている。マングローブの葉が落ちると泥の上のカニ類やウミニナ類が細かく切断し、その上に付着藻類やバクテリアが育つと分解が進んで甲殻類や魚類の餌になる。マングローブ林にしか分布しない植物や動物は多いが、そのほかに一時的にこの場所で過ごす生きものもいる。オーストラリアの熱帯海岸では

重要魚種の75%がマングローブ林で稚仔期を過ごすといわれている。しかし、マングローブ林の生態系は人間活動によってひどく破壊されている。世界中で、かなりの部分がえびの養殖池をつくるために伐採されたり、薪炭の材料として切られたり、畑に変えられたり、都市開発されたりしてしまった(5)。

　河口域における人間活動には終わりがない。最も直接的で永続的な影響を与えているのは埋め立てや道路、港、マリーナ、養殖場などの建設だが、こうして河口域の環境は絶え間なく侵食され、しばしば湿地の一部までもが破壊されている。河口域はまた、河口堰の建設や灌漑水や飲料水の取りこみによる河川からの淡水の流入量の変化によっても大きい影響を受けている。流入量が減少すると河口域の塩分濃度は上昇し、湿地は乾きはじめて確実に狭められ、そしてその結果、種の多様性は失われる。

　そのほかの深刻な問題は、下水の流入や大気中の排気ガスの水中への混入による河口域の底質の有毒汚染である。ほとんどの湿地の底質の中は低酸素状態である。したがって動物は深くまで生息することができない。湿地には、陸から流入した毒物を濾過し、懸濁物を沈殿させて蓄え、それらを河口域全体に広げる働きがある。干潟の底質には、干潟で生産された有機物や陸域から運びこまれた有機物が貯まっているが、これらの有機物には有毒な化学物質が結合しやすい。つまり河口域の底質は有機物のフィルターとして働くが、有毒物質が流れこめば底質に蓄えられて、堆積物を食べる生きものは脅かされることになる(6)。

　河口域はもともと栄養塩類の豊かな場所であるが、その性質は農業廃水や下水、大気汚染から溶けこむ栄養塩類によって変化している。米国の東海岸の河口域に流入する窒素量は、現在、人間活動によって有史以前のおよそ10倍に増加したと見積もられている。栄養塩類は以前は大型の沈水性植物に取りこまれて、水は浄化されていたが、塩生植物群の繁茂する場所が減ってしまった結果、現在では植物プランクトンの増殖が目立つようになって水が濁ってしまった。河口域や湿地に対する人間の有害な作用を軽減し、特有な生物多様性を元どおりに回復させることができるのだろうか？　一度破壊されたら、有害作用は取り除くことができても、河口域の生態系が短時間に回復することはないかもしれない。

写真6　磯浜。ガラパゴス諸島の岩礁でやすむガラパゴスアシカ

2. 磯浜と砂浜

　生態学者はこれまで磯浜（岩礁のある海岸）の潮間帯や潮下帯の生態系についての研究を数多く行って、それから種の多様性を決定する生物過程についてのいくつかの基礎的な理論をうちたてた。そこは研究者が比較的調査しやすい場所だし、一般の人たちもそこにみられる興味深い生きものに魅せられている。磯浜の種の多様性は中位か高い方である。その理由のひとつに、物理的構造が複雑なために多様な生息環境がみられることがあげられる。磯浜の基本的な生物群集は、岩礁上に付着または固着している海藻と無脊椎動物である。アシカやトドのような海産哺乳類が生態系にとって重要な役割を果たしていると考えられている場所もある。潮間帯では角張った石が波浪によって転がされて不規則に並ぶか丸石になるだろうし、岩には隠れるための割れ目や潮だまりができる。

　磯浜に棲む生きものにとって生活空間は最も重要である。棲み場をめぐる種間の競争は、さまざまな物理的、生物的要因に左右される。潮位の変動は動的な環

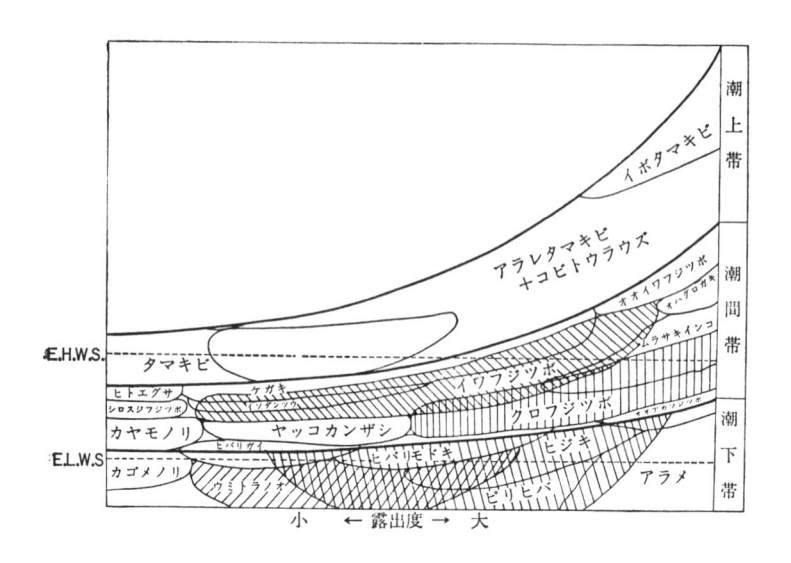

図9 本州中・南部の岩礁海岸における露出度と種の帯状分布構造の関係
海浜の生きものの分布は基底の特性(岩、砂、泥など)と潮汐と露出度に大きく影響される。波浪の衝撃の大きい場所では潮上帯や潮間帯の鉛直幅が上方に広がり、種の分布幅が増大する。
E.H.W.S.:大潮最高高潮面、E.L.W.S.:大潮最低低潮面［時岡・原田・西村 1973］

境をつくり出す。餌や栄養塩類は潮の満ち干が毎回更新し、配偶子や幼生や有機物は引き潮や海岸線に平行に流れる沿岸流によって分散する。誰もが容易に気づくことは、潮間帯を中心に、潮の満ち干が作用して岩礁に現れる生物の帯状分布構造である。帯位ごとに特有の優占種がみられ、それぞれの帯位は基底が受ける波浪の衝撃の強さ、即ち岩礁の露出度によって異なる。露出度は波がどのように海浜に到達するか、そこでどのように砕浪し、どのようにエネルギーを消散させるかを表す度合いで、波の来る方向や岩礁の位置や勾配、それに波当たりの強さなどに影響される。

それぞれの帯位にいる種は、干潮時の露出時間が異なる環境下で棲み場をめぐる戦いに残った勝者である。海面から最も高く離れた潮上帯には乾燥に強い小さな巻貝のタマキビ類がびっしり付着している。その下の潮間帯上部はフジツボ類の世界である。潮間帯下部から浅い潮下帯の物理的環境はそこより露出時間の長い上部に比べてストレスが少ないので、もっと多くの種類がみられる。温帯の潮

下帯は海藻類の種の多様性が最も高い場所である。浅い潮下帯にはコンブやホンダワラが付着するための固い基盤があり、棲み場所が多く、十分な光と満ち潮によって運ばれてくる豊富な栄養塩類がある。(図9)

　潮間帯の種の構成と分布は、いくつかの物理的条件と生物的条件によって決まる。それらは潮位の幅、乾燥度、光強度、潮の満ち干の間や季節間の温度変化、栄養塩類、幼生の生育場所、捕食圧、生物間の競争などである。それらの要因の相対的な重要性は場所によって変わるが、一般的には、物理的条件は潮間帯の上部に生息する生物群集に影響し、生物的条件は種の多様性と潮間帯の下部の生物群集の分布に影響を与えていると考えられている。[7]

　第2章で述べたキーストン種の役割についての考えは潮間帯での調査から発展した。キーストン種とみられるある捕食者には、その餌となる数種の生きものの個体数や種間競争を調整する働きがあるようだ。このことは、ある場所からキーストン種を除去してみたら、餌生物の種間競争が激しくなり、やがて1種だけが棲み場を独占してしまうようになったという野外観察によって証明されている。[8]

　キーストン種は、さまざまな岩礁の潮間帯でその存在が確認されている。例えば、ラッコがそうである。ラッコは、コンブ類（giant kelp）を食べるウニやアワビなどの貝類を大量に捕食しているので、ウニやアワビの個体群密度が低く保たれる。そうするとコンブ林が繁茂し、コンブ林は多様な生きものに棲み場を提供する。ところが、1990年代に入って、アリューシャン列島のアダック島付近では、シャチがラッコを主要な餌にしはじめたために、この海域のラッコの数は90％近く減少した。その結果、ウニが大量に増え、ついにはコンブ林をなくし、それに頼って生きる種を排除してしまった。[9]

　ラッコがその毛皮のために乱獲された時代、アラスカの岩礁海岸に繁茂するコンブ類はやはり打撃を受け、場所によってはウニなどによる食害のためになくなってしまった。しかしながらカリフォルニアでは、ラッコがいなくなりウニが増えても、コンブ林は残った。そこでは嵐や湧昇流によって深層から補給された栄養塩類がコンブの成長を支えたためである。チリのコンブ林にはラッコはいない。そこでのウニの働きはカリフォルニアのそれとは違うようである。このように、同じような生態系でもキーストン種は場所によって異なると思われる。[10]

　一度キーストン種が生態系から取り除かれると、生態系の中に確実に変化がお

こり、キーストン種を元に戻しても生態系は元には戻らなかったことが多い。なぜなら、その生態系は別の平衡状態に移ってしまい、元の種はもはやキーストン種の役割を果たすことができなくなったからである。ある研究でヒトデを一定期間取り除いたところ、その餌となっていたイガイが空間を占領して、捕食することができないぐらいの大きさにまで成長してしまった。そこで、ヒトデを再び導入してもキーストン種とはならず、種の多様性にとって何の効果もなかったという例がある。(11)

磯浜の生物多様性に影響を与える要因は、ほかにもいくつかある。潮間帯の無脊椎動物は比較的短命であるか、物理的要因や生物的要因によって移動させられやすい。幼生によって新規加入群とよばれる新しい世代を補充することで、かれらは群集内での地位を維持している。したがって、個体の分散の変動と同様に、再生産の間隔や個体群間の距離も種の多様性に影響を与える。無脊椎動物の幼生はしばしば長い距離を浮遊分散していく。ある場所にいる幼生はかなり離れた個体群から来ている可能性があるが、幼生にはそこまでの間の環境を生き抜くことが要求される。幼生は捕食されやすいうえ、汚染のような海水状態の悪化の犠牲になることもあるだろう。幼生が出てくる場所での親の個体群の量的変動も幼生の数を決定する大きい要因である。それによって新規加入量は年ごとに変化する。(12)

物理的な攪乱も磯浜の種の多様性を規定する。さんご礁がその例としてあげられよう。激しい波浪や漂流物による擦り取り作用によってつくられた空間には、長期の種間競争を全うできない好機便乗型の種が侵入する。一般にこのような攪乱作用やその発生頻度が中程度であると、種の多様性はより高くなる傾向があるとされている。攪乱の程度が小さかったり、その頻度が少なかったりした場合は生存競争に弱い種が追い出されてしまい、攪乱が連続的におこる場合には多くの種が再生産できずにその場から姿を消してしまう。(13)

沖に向いた岩礁の波打ちぎわは物理的攪乱の大きい場所で、生きものは波に打たれて岩に付着しにくい環境である。海藻は引き裂かれてしまい、強く付着している動物だけが岩礁から剥がされたり流されたりされずにすむ。予想通り、そこでは種の多様性が低い。しかし、残った植物や動物の生産力は並外れて高い。なぜなら、波は岩礁に付着している種に栄養塩類や餌となる懸濁物を絶え間なく運び、また、海藻は低潮位のときにもしぶきを浴びて湿っているので、強い太陽光

写真7　グレートバリアリーフの砂浜

を受ける干出時にも光合成ができるからである。そのような苛酷な環境に見事に適応しているのが、カジメ類である。この海藻は太く柔軟な茎を持ち、岩礁に自分の体をしっかりと固定している。そして茎にそって生える狭い葉状体をヤシの葉のようになびかせて栄養塩類を取りこんでいる。[14]

　磯浜の生物多様性は全体として高い方だといわれているが、それはそこに生息する種がみつけやすく、調査しやすかったということが関係しているかもしれない。そこでの種の多様性は、必ずしも熱帯にいくほど高くなるという緯度勾配に

写真8　産卵を終えたアカウミガメ。グレートバリアリーフ、ヘロン島の砂浜

は従わないようだ。例えば、海藻類の種の多様性は温帯で最も高く、無脊椎動物のそれは温帯と熱帯とが同じくらいの高さである。

　砂浜は磯浜と比べて種の多様性が低いと考えられている。その理由は基質が不安定であり、餌の供給源が限られているからである。しかし、主に砂粒の間隙に生息するメイオベントスのような小さな種がどのくらいいるのかはまだわかっていない。メイオベントスは砂浜の重要な構成生物で、砂中や砂上で生活するもっと大きい動物の餌となっている。

　ちなみに底生生物の大きさは便宜上大きく4つに分けられている。肉眼で十分観察できる大型生物をメガベントス、採集した砂や泥を目合い1ミリメートルの篩にかけたとき、篩の上に残るものをマクロベントス、それにより小さいが目合い37ミクロンの篩に残るものをメイオベントス、それよりもさらに小さいものをミクロベントスとよぶ。それらは生活様式によってさらに3つのグループに分けられている。海底の表面に棲み、ときには水中に泳ぎ出すものも含まれる表在動物、堆積物を押し分けて移動し、軟らかい泥中に潜っている内生動物、そして砂

粒や堆積物粒子の隙間に棲息する間隙動物である。

　砂浜に生きる動物はさまざまな方法でそこの不安定な環境に適応している。低潮位の間、多くの動物は穴に潜ったり体の一部だけを砂から出したりしてその場にとどまっている。ほかの方法として、スナホリガイやナミノコガイのように波とともになぎさを移動する貝もいる。ナミノコガイは干潮時は低潮線の近くで完全に砂に潜っているが、波が来ると一斉に飛び出して水に運ばれる。

　岩礁のように明瞭ではないが、砂浜でも潮汐の作用によって形成される帯状の生物分布をみることができる。潮上帯から潮下帯に進むにつれて少しずつ種類が増えていくが、これには乾燥に対する耐性と波の作用が関係している。メイオベントスには潮汐による帯状分布だけでなく、砂中の湿気や水温や酸素量と関係した深さによる帯状分布も観察されている。

　砂浜の基礎生産者は潮流に乗って流されてくる微小藻類や砂中の底生性藻類である。場所によっては、波打ちぎわに沿って、数種の珪藻類が大量に砂の表面に残されている。濾過食者は珪藻類が浮遊しているときに、また、マテガイのような潮間帯の砂中に潜っている動物は低潮時に砂上に残ったそれらを摂餌する。[15]

3. さんご礁

　さんご礁は種の多様性が海のどの生態系よりも高いことで知られている。さんご礁は近づきやすいこと、スキューバダイビングの人気が増したことと、固有の美しさを持っていること、そして、そこの生物群集が水中写真によって一般にアピールされていることなどのために、ほかの場所よりもよく知られている。さまざまな色彩や形態を持ったさんご礁の生きものの水中写真は、みる人びとに夢と驚きを与えている。さんご礁生態系は生きものの種数が多いという点では熱帯雨林のそれに似ているが、海水は貧栄養で、透明度がきわめて高く、目でみえる植物は非常に少ない。この2つの生態系はともに三次元の複雑な立体構造を持っており、そこに棲む生きものに多数のニッチを与えている。熱帯雨林ではこの構造を植物が提供しているが、さんご礁では造礁サンゴ（以下サンゴ）という動物が提供している。サンゴは一般にポリプとよばれる個虫の群体であり、ポリプは水

写真9　サンゴ群落（慶良間列島ヤカビ島）

写真10　さんご礁のキボシスズメダイの群（慶良間列島阿嘉島）［阿嘉島臨海研究所提供］

中の炭酸カルシウムを固定して精巧なコンドミニアムをつくっている。

　さんご礁はよく知られているにもかかわらず、そこに棲む生きもののうち、これまでに報告されている種の数は全体の10％以下であろうといわれている。この数字の意味するところは、少なく見積もっても100万種が、ほかの見積りでは900万種がこの生態系に棲んでいるということである。熱帯・亜熱帯域の約1億9000万平方キロメートルの水域にわたって散在するさんご礁の面積は約62万平方キロメートルである。そこでの種の多様性の高さは不確かなだけでなく、どのくらいのさんご礁とそこに棲む生きものが人間活動のために失われてしまったかもよくわかっていない。

　さんご礁と人間とのつながり、つまりその生態系の持つ機能の重要性とサービスをあげると次のようになる。①種や遺伝子の宝庫としての高い生物多様性。②水産資源生物の産卵場や生育場や隠れ場。③硬い礁と、それが壊れてできた砂浜が、熱帯の嵐や波浪から人びとの生命財産を護る働き。④マリンダイビングや観光の場としての重要性。⑤その美しさが、いわゆる癒しとなる精神衛生上の効果。⑥さんご礁生物の複雑な食物網を通しての有機物の取りこみとサンゴ粒子でできた砂浜の濾過作用による海水の浄化機能。

　その大切なさんご礁はわずか50年ぐらいの間に、世界全体で20％が消滅し、24％がその寸前にあり、さらに26％が危機に曝されている。消滅と衰退の主な原因は、白化現象と乱獲と埋め立てと陸地開発による赤土の流入などである。富栄養化、農業や都市からの排水、沿岸での建設工事、汚水の流出、採掘活動、熱帯雨林の伐採、ダイナマイトや毒物を使った不法な漁業活動も見逃せない。白化とはサンゴがある期間生理的なストレスを受け続けると体内に共生する褐虫藻を外に排出してしまう現象である。さんご礁に縁どられた地域に暮らしている1億人以上の人びとにとって、礁がなくなれば多くの生きものが姿を消し、沖合の魚までが減り、海水は濁る。観光産業や漁業の衰退など被害ははかりしれない。[16]

　さんご礁はサンゴをはじめ、石灰藻、有孔虫、貝類など、礁の基盤となる石灰質の硬い組織をつくる生きものが長い年月をかけて合作したものだ。サンゴは大陸や島に沿った太陽光の届く浅い海域に分布する。サンゴに光が必要な理由は、その体内に褐虫藻が生息しており、これとサンゴが共生しているためである。サンゴはこの褐虫藻が光合成によってつくり出したアミノ酸やグリセリンなどの有

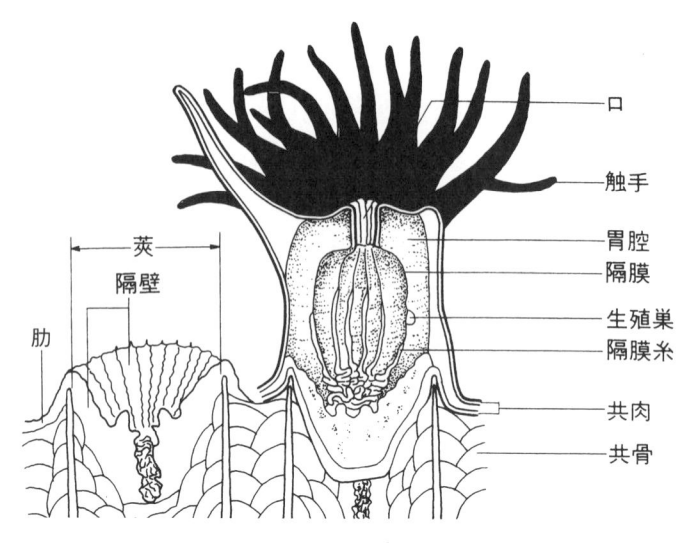

図10 イシサンゴのポリプの軟組織と骨格の構造
ポリプは餌を捕らえる触手、食べたり排泄したりする口、食べたものを消化する胃腔などからなる軟組織と、莢とよばれる骨格からできている。この軟組織の構造はイソギンチャクと似ており、サンゴはいわば骨のあるイソギンチャクのようなものである（大森ほか 1998）

機物を栄養として体内で受け取っているため、日中は海水中から餌をとる必要のない種が多い。サンゴは光に成長を頼っているのである。多くのサンゴは遺伝的には同じクローンがひとまとまりになって生活している群体性の生物である。サンゴのポリプは一方が海水に向かって開いている莢とよばれる石灰質の骨格の小部屋に収まっている。この小部屋は隣のポリプの小部屋との隙間を共骨という骨格でしっかりと埋めている。そして骨格が無数に重なってサンゴはテーブルや鹿の角のような種ごとに特徴のある精巧な構造を形づくる。ミドリイシサンゴやノウサンゴがこの代表的な例である。さんご礁の形成には石灰藻の働きも大きい。石灰藻は、ときには死んだサンゴの骨格を結合させ、また、藻類自身の出す石灰質でサンゴ殻や有孔虫殻を覆ってひとまとまりにしてしまう。さんご礁の基部は長い時間をかけて結合してきた多数のサンゴの骨格と石灰藻でできている。その上でサンゴの群体は岸から沖に向かって成長し続け、海面上昇につれて礁を上方に形成する。(**図10**)

　多くのサンゴが雌雄同体であることは以前から知られていたが、多くの種が1

年のうちの1日か2日、日没の数時間後に一斉に産卵することがわかったのは、オーストラリアのグレートバリアリーフで、1980年代のことだった。沖縄では5～6月の満月の3日前から7日後の間に、日没前にポリプの口の近くで数個か十数個の卵と無数の精子が団子状にまとまって「バンドル」を形づくり、はち切れんばかりにせり上がる。暗くなってから生み出されたバンドルは一斉に水面に舞い上がって、ひとつひとつの卵と精子がばらばらになったあとに交配する。自家受精はおこらないから、子孫を残すためには、同じ種のたくさんのサンゴが同時に産卵して、受精率を高めなければならない。一斉産卵は、サンゴが生きていくうえでもうひとつの意味がある。一度にたくさんのバンドルが放出されることで、魚による捕食から逃れ、生き残りの確率を増やすことである。一斉産卵はどうしておきるのだろうか？　それぞれのサンゴは、月齢周期や日没からの時間を感じとるようだが、これだけでは説明がつかないことが多い。化学シグナルを使って、ポリプどうしが合図しあっているのではないかとも推測されている。

　さんご礁の特性はその構造の複雑さに代表されるが、それとともに礁が形成されてから長い年月、環境が安定していたことも多くの種からなる複雑な生物群集を発達させるのに貢献している。現在の代表的なさんご礁は約6000年間成長し続けている。礁の生物群集は高度に組織化されており、サンゴを中心に競争や共生によって共進化し、特殊化した種は、①礁の構造を形づくっているサンゴと藻類、②サンゴの骨格を削ったり藻類を食べたりする魚類やウニ類、③肉食魚類、④サンゴを食べるオニヒトデやマンジュウヒトデ、⑤サンゴ砂の中の有機物を食べるナマコ類、⑥礁の中に潜っているか、礁やサンゴの骨格に付着しているか、または構造の外側に隠れている隠蔽動物、などの機能群に分けることができる。多様性の高いさんご礁の種の大多数は隠蔽動物である。[17]

　一般に、さんご礁が形成されるのは熱帯海域に限られ、サンゴの種の多様性は赤道付近で最大になる。経度における多様性は西太平洋で最大であり、東に進むにつれて下がる。カリブ海における種の多様性は西太平洋ほど高くはないが、東太平洋よりは高く、大西洋を東に進むにつれてさらに下がる。インド洋では比較的高く、地域による差は小さい。さんご礁は世界に6000以上の場所に独立して分布しているが、それらにみられるサンゴの種は広い分布域を持っており、固有種は少ないと考えられている。種の移入や再移入は、幼生が潮流によってほかのさ

んご礁から流されてくることによっておこる。しかし、卵や幼生を広く分散させない繁殖戦略をとっている種の存在も示されている(18)。

　さんご礁の生物多様性に関する最近の研究によると、カリブ海のサンゴは太平洋のそれらと同一系統に属するのではなく、おそらく3400万年以前に分岐したのではないかと推定されている。また、カリブ海のさんご礁の種の多様性は過去と現在ではまったく異なっていたようだ。これにより人間は歴史を通して海の生物多様性に深刻な影響を与えてきたことが示され、急速な科学技術の発達だけが多様性に影響を与える原因ではなかったことがわかった。これについてジャクソン（J.B.C. Jackson）は次のように述べている。
「生態学者が研究を始めるずっと前からカリブ海の沿岸生態系は既にひどく衰退していたようだ。アオウミガメやタイマイ、マナティー、そして絶滅したカリブモンクアザラシのような大型の脊椎動物は、多数が1800年ぐらいまでにカリブ海の中央部や北部で、1890年までにはすべての海域で殺された。さんご礁の魚類も、人口が現在の5分の1ぐらいであった19世紀の中頃までは、一部が水産資源として利用されていただけだったが、その後は乱獲によって藻食性と肉食性の大型魚が減り、1950年代までに生物群集は小型の魚類とウニなどに変わってしまった。今日のさんご礁における肉食者や藻食者に関する研究は、セレンゲティー国立公園の生態を研究しようとするときに、ゾウやヌーを無視してシロアリやバッタを研究しようとしているようなものである(19)。」

　さんご礁域では物理的構造が複雑なため、棲み場をめぐる競争や食う‐食われるの関係が大きく変化する。そこでの藻食性の魚の個体数や多様性は重要である。なぜならかれらは、サンゴや石灰藻を覆ってそれらの成長を妨げる大型・中型の海藻類を食べて、サンゴ幼生の着生や稚サンゴの成長を助けるからである。

　さんご礁の生物多様性の高さは、環境が安定しているということより、むしろ波浪による礁の崩壊や肉食性の魚類や無脊椎動物の侵略などの断続的な中規模の自然攪乱によって維持されているという考えもある(20)。研究者たちは、さんご礁における魚種構造が不安定であることに気がついている。攪乱がおきた後に魚類は必ずしも元の場所に戻っていない。この現象によって、移入の機会が多いことがさんご礁の種の多様性が高い原因であるという仮説が導き出された。さんご礁における種の多様性は中規模攪乱のほかに栄養塩類が関与している、という説もあ

る。このことは多様性の一番高いさんご礁域が水の透明な最も栄養塩類の少ない場所であることから説明されている(21)。

　さんご礁生態系のキーストン種はもちろん立体的構造をつくるサンゴだが、そのほかの種の働きはあまり明瞭ではない。例えば、カリブ海のキーストン種と思われていたウニの一種のガンガゼが病気によって広範囲にわたって死滅したときには、一部の場所でそれまでガンカゼの餌となっていた藻類が大発生してサンゴに害が出たが、予想されたような生物多様性の崩壊はおこらなかった。個体群を維持するのに十分な数のガンガゼが生き残っていたために、それでもかれらはキーストン種の役割を果たすことができたのかもしれないが、これはさんご礁の群集構造が複雑であることと変化の兆候を特定することが難しいということを示唆している。太平洋のさんご礁のキーストン種はオニヒトデである。オニヒトデはサンゴを広範囲にわたって食べつくし、礁の生物多様性を大きく低下させてきた。オニヒトデがいなくなった後のさんご礁の回復の速さは、被害の程度やその環境が受けている慢性的なストレスの状況によって異なり、比較的速い場合とひどく遅い場合がある。オニヒトデの大量発生の原因が自然現象なのか、それとも人間による汚染に原因があるのかはわかっておらず、依然として議論が続いている(22)。

　サンゴの種の多様性は光量が減る臨界深度までは深さとともに増す。浅いところでは日当たりのよい場をめぐっての競争がはげしく、弱い種は排除されてしまうようだ。海面付近には高水温や紫外線など成長を抑制する要因もあるだろう(23)。

　地史的な長い時間を通して、さんご礁は環境変化に対する適応力や回復力を獲得してきた。しかし、この能力は、変化の速度がサンゴの成長速度や自然の推移と一致するという前提のもとで成り立っている。ところが、人間はサンゴが適応する能力を超える速度の変化を環境に加え続けている。サンゴや褐虫藻が正常に成長するためには海水が貧栄養で透明度が高くなくてはならない。栄養塩類がさんご礁に加えられると、海藻や植物プランクトンの成長が促進され、それによってサンゴにまで透過する光量が減り、褐虫藻の光合成量が減少する(24)。

　さんご礁の美しさに魅せられてやってくる観光客によってもさまざまな問題が引きおこされている。それは栄養塩類や汚染の増加、ボートのいかりや技術の未熟なダイバーたちや観光船の操業によるサンゴの破壊、それに、サンゴを採集したりさんご礁の上を歩いたりすることによる損害などである。

多くのさんご礁が地球温暖化の影響で危機に瀕しているという認識はこの数年で世界中に広まったようだ。サンゴの適温幅はとても狭く（18〜29℃）、さんご礁の多くでその上限かそれに近い状態にある。したがって、温暖化によって少しでも水温が上昇すると、地球規模ではなくても、白化現象によって甚大な被害を受ける水域が出てくる。地球温暖化による別の心配は、サンゴとさんご礁の上方への成長が海水面の上昇に追いつけるかどうかということである。また、サンゴやそのほかの生きものが病気に侵されているという報告が増えている。これが地球温暖化や汚染のような人為的作用と関係しているのかどうかはまだわかっていない。

4. 沿岸域の底生生物

　沿岸域の海底を深い方へ進むと、広大で緩やかな傾斜の大陸棚に続く。水深は約10メートルから約200メートルまでの間で、ここも底生生物の変化に富んだ棲み場である。大陸棚の広さは場所によって大きく異なる。

　一般に底質は軟泥で、場所によっては岩が露出している。総じて大陸棚の海水は透明度が高くない。なぜなら、大陸棚には河川や海底から有機物や堆積物が運ばれてくるため、栄養が豊かで、植物プランクトンの生産が非常に高いからである。陸地から運びこまれた堆積物は大陸棚の海水中に扇形に広がってゆき、最終的には大陸棚の一部を覆う底質になる。浅くて海水が澄んでいる場所では、太陽光は海底まで届くが、底が泥であれば海藻類が生育するには適さない。透明度の高いバハマでは大陸棚よりもっと沖の水深250メートル付近で海藻がみつかったという報告があるが、これは例外である。大陸棚での主要な基礎生産者は植物プランクトンである。大陸棚は浅いため、海水は海流や風によって攪拌されやすい。だから、植物プランクトンは表層から海底まで広く分布している。

　亜寒帯域の大陸棚で注目すべき海藻は、さまざまな水域の水深100メートルぐらいまでにみられるコンブ林である。そこでのラッコの役割は岩礁のキーストン種として既に述べた。コンブ林は数多くの植物や動物の多様性を支えている。茎の長いコンブ、短いコンブ、それらの葉上や岩礁に生息する無脊椎動物、そして

魚類など、コンブ林の生態系は非常に変化に富んで特徴的である。カリフォルニアのコンブ林には数百種の生きものが棲んでいるが、それでも、現在、私たちがそこでみることのできるものは、人間が海の生物資源を開発し搾取する以前のわずかな痕跡にすぎないのかもしれない。

　熱帯域の底生生物群集の研究によって、その生態系でのニッチがかなり重複していることと、特殊化していない広適応種が少なくないことが明らかになった。このことは断続的な中規模の攪乱が種の多様性を決定する重要な要因であることを示している。なぜなら、攪乱が決定的ではないために、競争に弱い種が全部取り除かれてしまうまでには遷移が続かないからである。ハリケーンやサイクロンやエルニーニョなどによる攪乱の程度は海の深さによって異なるが、どれも底生生物群集の組成に変化をもたらすと考えられている。[25]

　一方、米国北東沖の大陸棚は大西洋で最も調査の進んだ地域であるが、底質中の群集は約500〜600種しか記録されていない。しかも、この地域では優占種がはっきりしている。これは多くの沿岸都市からの汚染や漁業活動による攪乱のため、以前に比べて種の多様性が低くなってしまったことによるものかもしれない。これらの人間活動によるストレスの影響は、湾奥にニューヨークシティという大都会があるニューヨーク州沖の底生生物相でもみられている。[26]

　今や大陸棚上の生物多様性を決定する主要な要因は人間の存在である。魚類の密度の高いところでの小型漁船による操業は、それが周期的に行われていても、生物多様性に負の影響を与えることはあまりなかった。しかし、現在そこでは、大型漁船の操業によって魚が減り、広範囲の海底がたびたび破壊されたり、主要な河川から富栄養化した水が流入したり、底質に毒物が混入したりすることなどによって、あまりにも短い間隔で激しい攪乱がおこっている。いくつかの場所では石油採掘による汚染が、ほかの要因と同様に、海底の生物多様性の維持過程を麻痺させてしまっているようだ。

　大陸棚のいくつかの場所では、もともと底生生物の個体群密度は驚くほど高かったようだ。水の澄んだ浅瀬ではヒラメやカレイが海底一面に重なりあっていたという報告がいくつも残っている。アラスカ、ブリティッシュコロンビア、米国東北沖、ニューファウンドランド島、黄海、東シナ海など、世界の主要な漁場は大陸棚にあり、そこでは海底やその直上に分布している魚介類を底引網などで漁

獲した。ニューファウンドランド島近海のグランドバンクや米国東北沖のジョージズバンクのような著名な漁場からは、オヒョウ、タラ、ヒラメ、ガンギエイなどが想像を絶するほどの量、獲られていた。これらの魚は底生界と漂泳界の間を移動し、両方できわめて重要な生態的役割を果たしてきた。しかし、多くの大型魚類が消失し、生物群集がより小型の動物で占められるようになった現在の生態系の特性には、過去と比べると相当な違いがあることは明らかである。このような状態から以前のように大型魚の個体数が十分に回復し、生態系が元に戻るかどうかはもう定かではない。[27]

5. 沿岸域の漂泳生物

　海岸沿いと大陸棚に広がる水域は海洋生態系の中で最も生産性が高い。それらの水域、特に中緯度から高緯度域は、海流や波、湧昇流や陸からの淡水の流入、そして水温の季節変動によって特徴づけられている。それらの作用によって、そこには豊かな栄養塩類が供給されている。日光と栄養塩類は多様な植物プランクトンを増殖させ、それらは小さなカイアシ類やさまざまな甲殻類の幼生に食べられ、かれらはさらにクラゲやサルパのような大型のプランクトンに食べられる。有機物はさらに、小魚やイカから大型魚へ、そしてイルカや鯨などの栄養段階の上位へ移動していく。大型肉食魚や海鳥の餌になるイワシやニシンの個体群密度が高いことは、生産性の高い水域の特徴である。

　中・高緯度の沿岸生態系の季節変化は、そこでのさかんな漁業活動を支えてきた高い生産性の維持過程を理解するうえで重要である。冬季には太陽の位置が低いため太陽光は深いところまで届かない。したがって、植物プランクトンの生産性は低く、海水中には多量の栄養塩類が残される。やがて春になると風によって海水が混ぜられて、底層から栄養塩類が巻き上げられ、河川からは雪解け水を含んだ大量の水が栄養塩類を運びこむ。湧昇流も季節によって変化するだろう。太陽が天頂に向かって移動するにつれて、栄養豊かな水中に透過する光の量が増し、植物プランクトンの春の大発生がおこる。動物プランクトンもこれに合わせて増加し、さらに魚類などの捕食者もそれに続く。

栄養段階の上位の捕食者である魚類のいくつかは、場所や時期ごとに変わる餌生物の生産を追って回遊している。一般に中・高緯度域では漂泳界の生きものの個体群密度は高いが、種の多様性は低い。生産性と種の多様性の間にはコブ状の関係があって、適当な条件が組み合わさったときには両者がそろって増加するが、生産量がその値以上になると種の多様性は低下するということが示されている。[28]

　海産哺乳類はかつて沿岸の漂泳界で、魚類の現存量を決定する重要な捕食者であったが、18世紀から19世紀にかけての殺戮と20世紀の捕鯨によって個体数が激減してしまった。捕鯨は今日でも小規模ながら行われており、海産哺乳類はもはや生態系の中で重要な役割を果たしていないとさえ考えられている。しかし、かれらの魚食活動に対して、漁業者からの怒りの声があがっているのも事実だ。私たちがアザラシやセイウチを餓死や繁殖力の低下といった危険から護ろうとするなら、人間の取り分を控え、かれらのための餌料を確保しなければならない。漂泳界の生態系でのもうひとつの高次消費者は海鳥類である。海鳥は小型の魚類を好んで食べるため、漁業活動と直接競合することはないが、かれらもまた、人類の歴史を通して搾取され、あるものは絶滅し、多くはその個体数を激減させられた。

　沿岸の漂泳生態系は、その境界線があいまいな、大きな生態系である。そこでは一定もしくは不定の時間間隔で動く潮汐や潮流などの物理的特性によって境界ができたり、湧昇流や海底地形で仕切りができたりしている。そのような水域にはそこの環境にかかわりのある特定の生物群集が長期にわたってみられるので、それらの分布から生態系のだいたいの範囲がわかる。米国北東岸のメイン湾と沖合のジョージズバンクと中央大西洋バンクにはそれぞれ特徴的な動物プランクトンの集団が何十年も存続し続けているのはひとつの例である。[29]

　熱帯域では生産性の高い河口域やさんご礁が地元の人びとが食べる魚の重要な供給の場になっている。大陸棚上の海水には、極域や温帯域に比べて栄養塩類が少なく、季節変動があまりない。太陽光は澄んだ海水中をより深く透過するため、植物プランクトンは深いところまで分布し、種の多様性は高いが、現存量は少ない。植物プランクトン以外の種の多様性も、一般に極域や温帯域より高いが個体群密度は低い。

第3章 沿岸域の生態系

第4章
外洋域の生態系

ハオリムシと熱水噴出孔
（タークス・カイコス諸島、1997）

面積は限られているが変化に富んだ沿岸域の生態系は、物理的、化学的、生物的要因と人間活動の相互作用で特徴づけられていた。このような人間活動の影響は外洋域にもおよんでいるが、莫大な広さと容積を持つ外洋域の生態系は、それより大気と海水の輸送や循環やそれらと生物群集の間のもっと大きなスケールの相互作用で特徴づけられている。漂泳界および底生界の生物相は地球規模のさまざまな動きに影響される。底生界には、かつては砂漠のようだといわれていたことが嘘と思われるほどの高い種の多様性がみられる。漂泳界の種の多様性は底生界ほど高くないかもしれないが、高い階級の類群の多様性や遺伝的多様性は目立っている。

　大陸棚が大陸斜面につながる急斜面の部分では、流れの強い表層海流と湧昇流の組み合わせが沿岸域と外洋域の生物群集を切り離している。しかし、海流は年により季節によって位置や速さを変えながら、両方の生きものを混ぜて運んでいる。したがって、生態系が分離しているといっても海流を通じての沿岸域と外洋域のつながりが持つ意味は大きい。

　黒潮やメキシコ湾流のように、大洋の西側の大陸棚に沿って流れている西岸境界流は、最も流れの強い海流である。海面の主な吹送流には、赤道を西へ吹く風と中緯度を東に吹く風がある。この風で生じた表層海流に地球の自転の影響による「コリオリの力」が加わると、海流は大洋の西側に押しつけられ、北半球では右に、南半球では左に偏向する。そして大洋を横切って大陸の西岸にぶつかるとさらに偏向して、大陸棚に沿って北半球では南方へ、南半球では北方に向かって流れる。このような偏向なしに地球を円周できるのは、南極大陸と中緯度にある諸大陸の間を流れている南極環流だけである。太平洋や大西洋では、それぞれの海流が時計回りあるいは反時計回りで大規模な循環をしている。西岸境界流は、年間を通じて時々そのパターンや位置に小規模な変化を生じ、蛇行する。このような蛇行は、豊かな栄養塩類を含んでいる小さな渦や湧昇流を発生させ、海流の側面から切り離された水塊が、もう一方の側へと流れこむことがある。切り取られた水塊は周辺の水温と比べると簡単に見分けられる[1]。

1. 外洋域の漂泳生物

　外洋域の漂泳界の生態系は、容積では海の全体の90％以上を占めているが、どこの場所をとっても、そこに棲む生きものの生態や生物多様性については沿岸域ほどにはまだよくわかっていない。この莫大な空間は、海流系や光、温度、密度、溶存酸素量などの急激な変化でわかる弱い物理的境界で、水平的、鉛直的にいくつかに区分できる。そしてそれぞれの環境特性は異なっている。

　外洋の生物群集は、プランクトンやネクトンである。光合成を行う植物プランクトンには、珪藻や渦鞭毛藻などの微小藻類のほかに、極小の原核緑色植物とよばれる葉緑素細胞やバクテリアに似たラン藻など、いくつかの種類の微生物がいる。これらは葉緑体が必要とする太陽光線の届く約200メートル以浅でのみ生活ができる。動物プランクトンには、単細胞の原生動物から海流に乗って移動するクラゲのような大きな無脊椎動物まで、あらゆる変化に富んだ動物が含まれている。その中では、いくつかの分類群からなる甲殻類、殊にカイアシ類がしばしば優占種になる。動物プランクトンには、成長すると遊泳生物や底生生物になる動物の幼生（一時性プランクトン）と全生涯を浮遊性のまま過ごす動物（終生プランクトン）がいる。深海の底生生物の浮遊幼生の多くは中層や漸深層でみられるが、表層まで分布を広げ、水面近くにまで上がっていくものがいる。また、海流によって沿岸からはるか沖合に運ばれてしまった幼生もいる。

　外洋の漂泳界には、陸地や沿岸域で私たちがみているものとはとても違った神秘的で幻想的な形をした生きものが棲んでいる。その中には、体がゼラチン質で覆われたクラゲやクシクラゲ、いくつかの翼足類や毛顎類、尾虫類やサルパといった幅広い分類群が含まれる。尾虫類は海水を濾過して餌を集めるゼラチン状の外皮をつくり、その中で尾を使って水を動かし、ゆっくりと移動する。サルパは単独体か、それぞれの個体がゼラチン状の鎖で長く一列に並ぶ連鎖体からなり、それぞれが体内に吸いこんだ水を濾過することによって小さなプランクトンを摂食している。このゼラチン質プランクトンは海面付近にはあまり分布しない。大きさはさまざまで、餌の量の変化に応じて成長したり体を縮めたりするが、連鎖の長さが20メートル以上に達する種もいる。粘性や密度の高い海水の中では、重

力の影響が小さいので、ゼラチン質プランクトンは体を大きくして含水量を増やしたり、体液に塩化アンモニウムを含んで海水と等張で等比重の体をつくったりして浮遊している。クラゲのように慣性抵抗を利用して浮く体は、大小さまざまな形態に発達している。

　外洋の生きものには、ほかにも燐光を放つものなど興味深いものが多い。陸上の生物発光ではホタルが知られているが、海には表層付近の植物プランクトンやヒカリボヤのようなゼラチン質プランクトンから体表に精巧な発光器を配列している深海性の魚まで、発光は多くの異なる動物門の漂泳生物にみられる。また薄明層の魚類には、側面が反射し、下側に発光器を持つ種が多い。これは魚体の影を反射と発光で消して、下から襲う捕食者にみつかりにくくする働きがある。

　海水から餌を濾し取って食べる濾過食者が多いことも一般的な傾向である。とても小さなカイアシ類から巨大なひげ鯨まで、主要な分類群のどんなものにも濾過食者がいる。かれらは、微小藻類から比較的大きなオキアミまで、特定の大きさの餌生物を捕えられるようにそれぞれが変化に富んだ独特の濾過機構を備えている。濾過食は、餌が小さい外洋の漂泳界で餌を集めるにはとても理にかなった適応といえる。イワシやジンベイザメやイトマキエイも濾過食者だ。しかし、魚類の多くはどちらかというと餌生物をひとつずつ捕まえて食べている。マグロやカツオのような肉食性の魚は、とても速い速度で長距離を泳ぎながら広範囲から餌生物を探し出す能力を発達させていて、餌が少ない外洋の環境に適応している。深海性のチョウチンアンコウは疑似餌のように発光性のルアーを備えて、餌を引きつける。

　深海の生きものには、ダイオウイカやメガマウスのように、よく知られていながら、これまでほとんど採集できなかったり、実際の海で泳ぐ姿をみたことがなかったりする種がたくさん残っている。外洋には、広く分布しているにもかかわらず、個体群密度がとても小さいために稀な種だと思われているものもいる。離れた場所でみられるその個体群の遺伝学的な評価はほとんど行われておらず、遺伝的多様性の程度と重要性については知られていない。姉妹種の発見についての研究報告が増えるにつれて、外洋の漂泳界で姉妹種や系群が一体どれぐらいみられるかを確かめるための遺伝学的研究が必要になってきた。外洋の生態系では大型動物より小さなプランクトンが重要な構成群だが、その系統と分布パターンは

まだ研究中である。

　バクテリアとウィルスはどんな深さにもみられるが、微生物の構成についてはほとんど知られていない。そのひとつである原核緑色植物は、ラン藻類や微小藻類とともに、海だけでなく地球全体でみても重要な基礎生産者らしいが、外洋域の日光がわずかに届く水深100メートル付近に高い密度で分布している。植物プランクトン（微小藻類）の総生物量は陸上植物のたった0.2％にしかすぎないが、その総光合成速度は、陸上植物のそれと同じぐらい大きい。単細胞の微小藻類は細胞全体が栄養を吸収し、短時間で分裂して増えることができるからである。

　外洋域では、すべての場所を通じて特徴的で共通の生産様式がみられる。即ち、場所によって生態系は異なり、そこにみられる種やそれらをつなぐ食物網は少しずつ違っているが、ほとんどすべての生きものが、海の全容積の5％程度しかない有光層の中でつくられた有機物を食物源としているのだ。有機物は海面や有光層で微生物や植物プランクトンの光合成によって生産され、二酸化炭素と栄養塩類が取りこまれる。微生物は原生生物のような小さな動物プランクトンに、大きい植物プランクトンはカイアシ類のような動物プランクトンに食べられる。そして動物プランクトンはさらに栄養段階の上位の魚類などの餌になる。プランクトンや魚の遺骸や糞塊はバクテリアや原生生物によって分解される。食物連鎖を通じたこの過程は遺骸や糞塊が沈んでいくにつれてゆっくり深海に広がってゆき、途中でバクテリアがそれらを分解して元の元素に戻すことで栄養塩類も二酸化炭素とともに海水中に戻される。最終的に遺骸や生きものは深海底へとたどり着き、そこに棲んでいる底生生物によって消費される。貝殻や有孔虫の遺骸やサンゴ砂など炭酸塩類を豊富に含むものは分解されにくいので深海底に堆積し、そこに炭素を長い間とどめておく。表層の生物生産と、中・深層での有機物の分解と再生を通じて大気中の二酸化炭素が深海底に送りこまれる過程は「生物ポンプ」とよばれている。

　漂泳界の種の多様性は、動物プランクトンについてよく研究されているが、生物群集全体を研究したものは少ない。これまでの研究の多くは、魚類や動物プランクトンや植物プランクトンといった、ひとつの生物群全体かその中のいくつかの分類群について調べて、それから全体的な生物多様性を推し計るものであった。群集全体の生物多様性を示すよい指標生物とは、その生態系全体に広くみられる

第4章　外洋域の生態系　　83

分類群や機能群だから、動物プランクトンはよい指標生物と考えられている。漂泳生物群集には鉛直的と水平的な分布パターンがあるが、それぞれは異なった過程に支配されている。[6]

1-a. 鉛直分布

　大気と接触する海面にはどこでも、プランクトンによって生産されたアミノ酸や蛋白質や脂肪酸そのほかの有機化合物が気泡によって運ばれ、厚さ約50ミクロンの海面ミクロ層に薄く広がっている。海面ミクロ層はそれより下の海水とは物理的、化学的、生物的に特性が異なる。この薄い層は静かな海ではスリック（海面に浮く被膜）を形成し、あるときは外洋に長い筋となったり、海面を広範囲に覆ったりしていて、激しい波による一時的な攪乱があっても、波や風がおさまったあとには速やかに再形成される。地球の気象を決定する大気と海水との間のガス交換は、この海面ミクロ層に大きく影響されている。

　海面ミクロ層を含む極表層はいのち豊かな場でもある。有機分子とそれに含まれる栄養塩類は、さまざまなバクテリアや真菌や微小藻類や原生動物などの理想的な栄養源となる。この層に生息する微小藻類には、鞭毛を持つ、とても小さい種が多いが、ある種の珪藻類やラン藻類も多数みられる。これらの働きで、この海面ミクロ層に有機物がさらに追加される。微生物群集を摂食する小さな動物プランクトンと魚卵や無脊椎動物の幼生もしばしば極表層にみられるが、卵や幼生は、大きな波がきたときでさえ、そこからほとんど離れない。極表層に生息している種のいくつかはほかの環境には全くみられないが、別の種は生涯のほんの一部だけをこの層で過ごす。[7]

　極表層のクロロフィル（光合成色素）量は、それより下の何倍も高いことがある。これは、太陽光線のエネルギーが最も大きいこの層に、微小藻類や光合成微生物が異常に高い密度で集まっていることによる。そして、光合成作用によって海面で二酸化炭素が不足すると、大気から海水への二酸化炭素の取りこみ速度が高まる。[8]

　外洋域のほとんどすべての食物連鎖が有光層で行われる光合成に依存していることは、これまでに述べた。微小藻類と光合成微生物は食物連鎖の基礎となり、表層の生きものの働きは最終的には海底におよぶ。生きているものと遺骸や糞塊

やバクテリアに覆われたデトリタスなどからなるマリンスノーは雪のようにゆっくりと下へ向かい、途中で動物に捕食されたりバクテリアに分解されたりしながら減ってゆく。しかしながら、それでも最後に残った有機物が海底に堆積して、個体群密度はそう高くないが種の多様性がきわめて高い底生生物群集を支えるのである。それぞれの種はさまざまな深さに分布しているが、鉛直分布にはそれらの生理的特性と摂食活動が大きく関係している。

　外洋の最も重要な物理的特徴は、暖かくて軽い混合層の海水が、冷たくて重い海水の上にのっている層状構造である。混合層では上下の海水がよく混ざり、その厚さは、海上の風の強さによって海面から水深40～100メートルあるいはそれ以下におよぶ。混合層がその下の冷たい海水と接する境界は「躍層」とよばれ、その位置は温度や密度が急に変化するのでわかる。躍層は、2つの層の間の海水の交換を妨げている。しかしながら、生物の通過や栄養塩類の拡散を完全に妨げているわけではない。植物プランクトンは混合層で栄養塩類が不足したり、水の密度変化によって沈降速度が低下したりするから躍層のすぐ上に集積することが多い。温度や光量のような物理的な勾配は表面に近いほど大きいから、植物プランクトンの鉛直分布は透過する光量に強く支配される。しかし、極域では冬季の間は光量が弱く、冷却された表層水の沈みこみによって深層まで海水が混合するので、種による鉛直分布の違いはそれほど明瞭ではない。[9]

　混合層が1年を通じて比較的安定しているところでは、植物プランクトンは、強い光を好む種が弱い光を好む種の上方に分布している。いくつかの種は、細胞の生理的変化に反応して浮力が変化するので、上方や下方に向かって小規模な移動を行っている。海水中でのこの移動によって、かれらは栄養塩類に遭遇する機会を確実に増やしているのである。また、数種の渦鞭毛藻類や珪藻類は、日光を浴びに上昇したり、栄養塩類が豊富な深みに下降したりする能力を持っている。渦鞭毛藻は鞭毛で自らを推進させ、珪藻は浮力を変えて移動する。[10]

　動物プランクトンもまた、いろいろな深さで、明瞭な鉛直分布をしている。分布は深くなるにつれて幅広くなる傾向がある。また明るさや餌となる植物プランクトンの分布と関係する場合がある。プランクトンとマイクロネクトンの種の多様性は深くなるにつれて増加し、いくつかの分類群では水深1000～1500メートルあたりで最大になる傾向がみられている。さらに深さが増すと種数は減少するが、

海底境界層で近底層性の種類が加わるので、再び若干増加する。魚類の平均的な大きさは深さとともに減少していく。個体群密度も減少するが、海底境界層まで下降すると、この傾向は変わる。バクテリアもまた海のあらゆる深さに層状に分布するが、種ごとの分布はまだよくわかっていない。最近、大西洋中央部のバクテリアの種の遺伝学的研究によって微生物に広い遺伝的変異があることが示された。中層にみられるバクテリアには、沈降する糞塊や大きな有機物のかたまりを壊して小さな微粒子に変え、沈降しにくくする働きがあるようだ。(11)

　動物プランクトンの深度別の分布パターンは多くの種が明るさと関係している日周鉛直移動をするために複雑になっている。多くの種は夜間表層まで上昇し、明るくなると沈降する。いくつかの種の移動距離は1日で数百メートルにもなるが、かれらの移動の真の目的はより多くの餌生物に遭遇するためか、みつかりにくい明るさの中にいて捕食者を回避するためと思われる。これとは別に、動物の鉛直移動には成長や発育段階に関係している個体発生型のものがある。例えばナンキョクオキアミの成体は海面近くに分布しているが、卵は沈性卵のためいったん水深1000メートルぐらいまで深く沈む。そして、幼生は中層や漸深層で孵化して表層まで上昇してくる。このような個体発生型の鉛直移動は、海水の循環パターンとも関連し、それによってナンキョクオキアミは発育の過程で餌生物が最も豊富な深さにとどまることができる。(12)

　魚類にもまた、はっきりとした鉛直分布のパターンがある。表層にはクロマグロやメカジキやサメのような大きくて速く泳ぐことのできる肉食魚が棲んでいる。これらの魚は、外洋域の中央部と沿岸域の間で水平的な回遊を行い、小さな魚やイカや大きなプランクトンを捕食している。かれらはまばらに分布し、海の広さのわりに生物量はそれほど大きくないが、重要な漁業資源である。中層では、ハダカイワシなどの小型の漂泳性魚類の個体群密度が高い。ハダカイワシ類は、日周鉛直移動を行い、多くは夜間、中層から表層近くに移動している。かれらは発光バクテリアを蓄えた発光器で光を発し、また体の割にとても大きな目をしているのが特徴だが、これはおそらく極端に弱い光の中で餌をとらえ、仲間で連絡しあって生きているためだと思われる。それより下の漸深層は、奇妙な形や小さな体で知られている独特の深海魚に占められている。そこにはさまざまな種がみられるが、大部分の魚の特徴は、黒い体色、大きい顎、小さな目、それに貧弱な筋

肉組織である。中には発光するルアーで餌物をおびき寄せるチョウチンアンコウや、体に獲物の動きを敏感に感じとる精巧な器官が並んでいるヒレナガチョウチンアンコウのようなものがいる。これらの魚はあまり移動しない。そして遭遇することのあまりない比較的大きな動物を餌としている。漂泳性魚類の種の多様性は漸深層の水深1000～1500メートルあたりで最大に達し、それ以深では減少する。漸深層の魚類は全体で1000種ほどいると見積もられているが、多分それよりもはるかに多いだろう。[13]

　イカは海洋のあらゆる深さでみられ、漂泳界では高次栄養段階にある肉食者の重要な餌となっている。数百種ものイカが知られているが、大半は比較的小さい。しかし、中層から漸深層に生息するダイオウイカは体長20メートルにも成長する。海の物語によく出てくるこのイカは、索餌のために3000メートルの深さにまで潜るマッコウクジラの体に吸盤の跡をつけたり、胃の中からみつかったりすることで知られているが、生きた個体はまだ採取されていない。

1-b. 水平分布

　外洋の多くの海域でのプランクトンの種多様性は、沿岸のプランクトンのそれと同じか、それよりも高い。しかし、漂泳生物全体の種多様性は底生界や陸上のそれよりも随分低いと考えられている。これは漂泳界では水域間の生息環境が比較的似ていること、プランクトンが拡散分布すること、種の多様性が比較的低い微小藻類が多いこと、それらの生物学や遺伝学についての知識が乏しいことなどによるためだろう。

　種の多様性は、物理・化学的要因がより安定している低緯度域で高いようだが、生産性との関係は明瞭ではなく、ときには逆の関係が報告されている。プランクトンの種の多様性は、北半球では北緯20度近辺がピークであり、赤道方向には少し減少し、極方向には大きく低下する。そして、南極海は北極海よりも種の多様性が高い。この緯度による多様性の変動パターンは、表層だけでなくすべての深度でみられ、植物プランクトンでも動物プランクトンでもそうである。[14]

　漂泳界の生態系の輪郭を描く主な表層海流や深海には、多くの魚類が分布している。しかし、外洋域の種数は沿岸域よりも少なく、個体群密度も低い。既知の魚類の種の約50％が沿岸性で、12％が深海性であり、外洋の表層付近にみられる

のはたった1%である（残りは淡水性種）。もちろんすべての環境にかなりの数の未知の魚が生息しているだろう。場所ごとの漂泳性魚類の種の多様性は低くないようだが、それぞれの分布範囲が広いから、全体でみると低くなる。一方、底生性魚類の分布は局所的なものが多いので、全体でみると高くなる。[15]

　海流にまかせて生きる種は生まれた場所から分布を広げていくが、その中に無効分布も含まれている。夏の間に対馬暖流に乗って日本海沿岸に漂着するハリセンボンの幼魚や、黒潮によって温暖な南方の海から本州太平洋岸の浅瀬に運ばれるスズメダイの仲間などがその例である。かれらには水温が低下する冬を生きぬくことは難しい。実際、海流に棲む種の多様性は一般に高いが、長期にわたる調査の結果、それは流れのシステムの特徴によるものではなく、むしろ上流の特異性の反映とみられることが明らかになっている。いくつかの種は海流をほかの場所への移動手段として利用し、その種の生活史の過程で索餌活動や繁殖に適した場所を回遊している。一方、ある生物群集の一部がある場所から偶然に循環流や渦流に巻きこまれて異なる生態系に運ばれ、そこで死滅したり、短期間に増えて、そこの生物群集の大部分を占めたりすることもある。また、回遊魚にはサケ科魚類やウナギのように海と河川の境界を横切り、外洋と河口域や河川でそれぞれ生涯の一定期間を過ごすものがある。[16]

1-c. 主要な循環流

　漂泳界の生物群集の水平分布は、何千キロメートルという規模である。太平洋や大西洋の外洋の生態系は、風と地球の自転によって生じる力によってできる大きくて安定した循環流によって物理的、生物的に明確に分けられている。最もよくわかるのは、北大西洋環流（中央環流）と北太平洋環流（中央環流）および亜寒帯環流である。このほか、北大西洋にも亜寒帯環流があり、南大西洋やインド洋や太平洋にも境界があまり明確ではない、いくつかの環流がある。これらの環流の中心での生物相は特徴的である。いろいろなタイプの動物プランクトンの分布パターンが、そして植物プランクトンやバクテリアのそれさえもが、大規模な環流と一致することが報告されている。海流は水平的な範囲に境界を描くだけではなく、物理的要因の鉛直方向への変化によってプランクトン種の分布を層状に分けている。（**図11**）

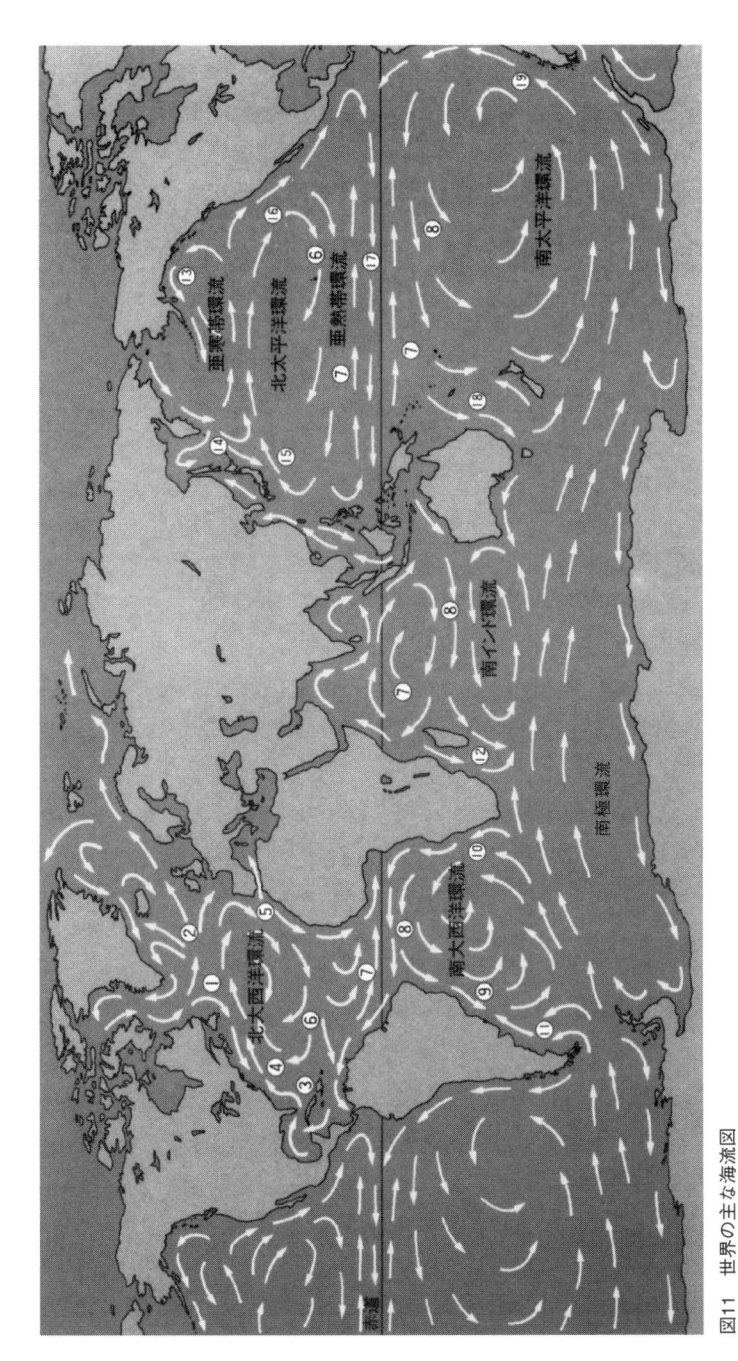

図11 世界の主な海流図
①ラブラドル海流 ②北大西洋海流 ③フロリダ海流 ④メキシコ湾流 ⑤カナリー海流 ⑥北赤道海流 ⑦赤道反流 ⑧南赤道海流 ⑨ブラジル海流 ⑩ベンゲラ海流 ⑪フォークランド海流 ⑫アガルハス海流 ⑬アラスカ海流 ⑭親潮 ⑮黒潮 ⑯カリフォルニア海流 ⑰赤道海流 ⑱東オーストラリア海流 ⑲ペルー海流（NHK「海」プロジェクト 1998）

第4章 外洋域の生態系　89

北大西洋環流は、サルガッソー海を含む大きな範囲を取り囲んでいる。サルガッソー海は、そこに浮遊している流れ藻のホンダワラが多いことから名づけられたが、金褐色のこの海藻のまわりには、ユニークな擬態などで知られている魚類、甲殻類、軟体動物などの特徴的で独特の生物群集がみられる。この多様な種からなる変化に富んだ生物群集は、多くの外洋環境で一般的にみられる種間のルーズな結びつきとはきわだって異なっている。

　中央環流は、大西洋でも太平洋でも、北半球では時計回りに、南半球では反時計回りに流れている。この海流では、海水が暖められて蒸発する結果、密度の高い海水が表層に形成されて、環流の中央部で下降する。一般に表層の混合層はほぼ1年中100メートル以上の厚さがあって安定し、栄養塩類は少なく、種の多様性は比較的高い。そこには深海から栄養塩類がゆっくりと、しかし安定的に供給されているが、その過程についてはよくわかっていない。植物プランクトンの生産性は、かつて考えられていたよりも高いことが明らかになっているが、増えた植物プランクトンは、動物プランクトンによって片っ端から食べられてしまう。こうした貧栄養水域では植物プランクトンが少ないので、太陽光線は深くまで届く。海水の透明度は高く、植物プランクトンの種構成は光強度の勾配に沿って明瞭に変化している。バクテリアや植物プランクトンや動物プランクトンなどの種数が多い表層の生物群集は、約40〜100メートルの混合層の中で再生産された栄養塩類を効率よく利用している。多くの科学者は、この層の生物生産量の90％以上がそのような栄養塩類を使って生産されたものと信じていたが、のちに大気と湧昇流を通して供給される栄養塩類によってもかなりの量の新しい生産がおきていることが明らかになった。種の多様性は中程度の栄養塩類の供給と生産性によって最も高く保たれるという理論は、このことによって支持されるものになってきている。[17]

　表層の植物プランクトン群集には2つの安定したグループがある。ひとつは250種に近い種からなり、栄養塩類の少ない表層上部に生息している。もうひとつは種数はかなり少ないが、栄養塩類が豊富で光量の限られた下部に分布している。両方とも種の均衡性が低く、全個体数の90％がたった20種程度に占められている。上部の植物プランクトンの種の多様性は、動物プランクトンの摂餌によって保たれ、下部のそれは種間競争によって維持されていると考えられている。[18]

極小の単細胞生物がプランクトンの中にたくさん混じっていることは述べた。例えば北太平洋北西部の亜寒帯域ではプラシノ藻類が全クロロフィル量の40％近くを占め、北東部ではプリムネシウム藻類、ヘラゴ藻、プラシノ藻などが45〜90％を占めている。光学顕微鏡では精査な分類ができないぐらいの小さい植物プランクトンが海の物質循環に重要な役割を果たしていることがわかってから、これらの種組成を知ることが基礎生産力や生物ポンプの効率を理解するために不可欠になった。[19]

　動物プランクトンは餌生物の鉛直分布に応じた分布をしている。前の2つのグループの植物プランクトンが多い深さには植食者が多く、その下には肉食者がおり、海底に近いところにはデトリタス食者が優占する。そのような典型的な分布パターンは動物プランクトンの中で個体数、種数、現存量とも最も多いカイアシ類でみられている。中層や漸深層のカイアシ類の中には摂食のために表層への鉛直移動を行う種が多い。また動物プランクトンを食べる魚類は、さまざまな深さで動物プランクトンの種構成を決定する重要な役割を果たしているようだ。[20]

　循環流ではないが、赤道に近い太平洋東部では、栄養塩類が豊富な水が収束し、独特な水塊を形成している。この水域には、熱帯域で最も生産性の高いコスタリカドームやパナマ湾やテワンペック湾といった湧昇域がある。一方、栄養塩類が豊富なペルー海流は東南方向からこの生態系に流れこんでいる。このように、この水域の栄養塩類の供給源はさまざまで、時間規模も違っているので、生態系は不安定だが生産性は高く、種の多様性は中程度であるように思われる。

　太平洋と大西洋の亜寒帯環流は反時計回りで、この水域では深海からの莫大な量の深層水が湧昇し、海況も生物生産も季節的に大きく変動している。両水域とも生産性が豊かだが、プランクトンの種の多様性は低い。何人かの科学者は、鉄のような微量栄養素が不足していなければ太平洋の亜寒帯域の基礎生産量はもっと高くなるだろうと考え、別の科学者は植物プランクトンの増殖がピークに達する前に動物プランクトンがそれらを食べてしまう、即ち生物間の相互作用によって基礎生産量が制限されていると主張している。太平洋では広い範囲にわたって冬の間も、混合層が比較的浅い深さに維持されるので、小型の植物プランクトンはそこにとどまって増える。大型の植物プランクトンは、春になって光量が増えるにつれて増加するが、直ちに動物プランクトンの餌になってしまう。

一方、大西洋亜寒帯域では、冬になって混合層の厚みが海底近くにまで達するようになると、植物プランクトンは光合成のできない深みに運ばれて生産を終える。春の終わりに海水が暖められて成層が発達すると、動物プランクトンがすぐには食べきれないぐらいに植物プランクトンが急激に増え、食べ残しが深海に沈む。このように、太平洋では基礎生産物の大部分が表層近くで利用されて栄養段階上位の多くの漂泳性魚類を支えているが、大西洋では植物プランクトンが沈降して多くの底生性魚類を支えている。太平洋と大西洋の亜寒帯環流の生態系は似通ったレベルの生産性を保ち、多様性を維持しているが、両者の間にはこのような違いがある[21]。

1-d. 海流、湧昇流、リング、渦

　世界の大洋の東側には主要な沿岸湧昇域があって、高い漁業生産を支えている。湧昇域では表層に大陸縁辺から東風が吹いているため表層の水が沖合に運ばれ、それを補充する形で栄養塩類の豊富な深層水が表層に湧き上がる。風がおさまると、そこには明瞭な成層が発達し、植物プランクトンは有光層にとどまるので、栄養塩類を得た少数の種からなる植物プランクトン群集は急速に増殖する。いい換えれば、そこでの高い生産性は湧昇による深層水の供給と成層の反復によってもたらされている。植物プランクトンは動物プランクトンを増やし、結果として魚類の高い生産性が支えられる。食物連鎖は比較的短く単純で、この状態が大陸棚全体に広がると豊かな漁業資源の生産が期待でき、強い沖出しの風が吹くと、沿岸域での生物生産はもっと沖合にも影響する。この沿岸からの流れと湧昇流のおよぶ水域の魚類の種多様性は総じて低く、莫大な個体数からなるイワシ類で代表される。ベンゲラ海流とカナリー海流の主な湧昇域は、それぞれがアフリカの南西部と北西部沿岸に沿って流れる水域にみられ、イワシ漁業を支えている。また、ペルー海流の湧昇域では有名なカタクチイワシ漁業がみられ、カリフォルニア海流の湧昇域ではカタクチイワシ、サバ、ニシン、イワシが多獲される。カリフォルニア海流域の海洋データを分析した結果、地球温暖化とともに数十年規模の長期間にわたって上昇し続けている表面水温と連動して動物プランクトンの生物量が減少する、はっきりとした傾向がみられた。この地域では大規模な気候振動によって、表面水温が上がり、陸域からの風が弱まって、それが深層水の湧昇

を弱め、生物生産を低下させる原因となっている。[22]

　現象が明らかなのでその変化がおよぼす影響を予測できる大洋の東側の沿岸湧昇域以外にも、大陸に沿って湧昇現象が時々みられる水域がある。最もよく知られているのは、夏に周期的におこるカナダのノヴァスコシア沖の湧昇流やスペイン西岸沖の湧昇流である。ノヴァスコシアの湧昇流は大陸棚から外洋まで広がり、かつては世界最大の豊かな漁場であったグランドバンクスの生物生産を支えていた。スペイン西岸沖の深層水は大陸棚や沿岸の入江に湧き上がる。この水域の巨大な自然の生産性は、イベリア半島の莫大な量のイガイやカキの養殖を支えている。

　海流やリングや渦は、湧昇流と連動してたくさんの種を取りこんで新しい水域へと輸送して、分布を広げたり死滅させたりしている。イカ類は実際には海流に運ばれるというよりもむしろ海流に乗って移動しているようにみえる。北米東岸の漁業資源であるマツイカは、カナダからフロリダのケープカナヴェラル沖まででみられるが、フロリダ沖でしか産卵しない。幼生はそこからメキシコ湾流に乗って北に流され、ニューファウンドランド沖の浅瀬へ移動する。そして、成体はそこから北や南へ向かう海流やリングや渦に乗って分散し、産卵時にはまた南方の沿岸流の弱い水域へ戻ってくる。[23]

2. 海底境界層

　海底には、密度の大きい海水がその直上を流れることによって生じる摩擦によって、それより上の水とは性質が異なる、よく混合された海底境界層が形成される。この層は厚さを変えるが、通常、海底から数十メートル上まで達し、その存在は急な密度勾配によってわかる。そこは種の多様性が特に豊かである。境界層にみられるのは、正確にいえば漂泳性でも底生性でもなく、両方の特徴を持っている生物群集である。いくつかの種は、摂食、繁殖、捕食からの回避などのためにこの層に移動する底生生物であり、またいくつかは海底で摂食を行う漂泳生物である。この生物群集はクラゲや浮遊性のナマコなどのゼラチン質の種と小さな甲殻類に占められている。加えて、いくつかの底生種の卵や幼生、そしてヒトデ

類や蛇尾類やカニやナマコや魚類のような、海底の硬い基質や堆積物や漂流物の上で生活している表在動物の一部も含まれる。これらの生きもののいくつかは単独性だが、ナマコやエビや魚類には集団でみられるものが多い。[24]

　海底境界層には1000種以上の魚が生息しているが、延縄を用いて採集しても、捕えることができない種が多いので、実際にはもっと多いかもしれない。そこではいろいろな魚が、上から落ちてきた大型動物の遺骸や生きている餌をすくい取るように探している。サメやエイやヌタウナギやタラ類のような魚は本当の底生魚のようにふるまい、海底に隠れて待ち伏せしたり、ときには海底から離れたりして、近づいてくる餌物を待ち構えている。これらの魚は、中層や漸深海層を遊泳している魚よりも大きくて強い。海底境界層にしかみられないアンコウの仲間も知られている。深海平原だけでなく大陸斜面や海底火山の海底境界層にも似たような生活をしている魚類がみられる。それらの分布幅は広く、棲み場がある深さに限られているということはない。[25]

　海底に火山性の丘が孤立して特別な環境をつくり出している海山のまわりには魚が集まる傾向があり、キンメダイの仲間のオレンジラフィー（orange roughy）のような種が棲んでいる。この海底境界層の魚は、おそらく海山の地形がおこす流れのなかで餌をとっているのだろう。このような環境に棲む肉付きのいい魚類は、トロール漁や延縄漁の最も重要な対象である。しかしながら、例えば、オレンジラフィーは成熟するまでに約25年を要し、寿命は150年以上と推定されているように、それらの魚類は典型的な長寿で、また産卵量は多くない。だから沿岸域の魚類に比べて資源が枯渇しやすく、回復には多くの年数がかかる。産卵のために集まったこれらの魚の濃密群をねらった操業は、魚が個体数を回復させることができないほど大きな漁獲圧を加えている。オレンジラフィーの米国市場への主要な重要な供給源となっていたオーストラリアとニュージーランドでは、乱獲によってこの4年間に商業的に成り立たないほど資源が枯渇してしまった。[26]

3. 深海の底生生物

　かつては砂漠のようで生きものがほとんどいないと信じられていた深海の底生

界は、今では陸上の熱帯雨林と肩を並べるほど種の多様性が高い環境といわれている。そこは大陸棚が終わるあたりから始まる。まず、大陸斜面とよばれる距離100キロメートル以内で水深約2000メートルまで落ちこむ海底があり、大陸性地殻と海洋性地殻間の境界を堆積物が覆っている。この斜面の地形は、ある場所ではかなり一様だが、ほかの場所では不規則で、深い海底峡谷によって分断されている。大陸斜面のいくつかの場所ではしばしば地滑りがおき、種数を減少させる不安定な環境である。大陸斜面底では傾斜はゆるやかになり、500キロメートル以内で水深は4000メートルになる。これに続く深海平原はさまざまな大きさの粒状の有機物や無機物のやわらかい底質の環境で、水深6000メートルまで続く。

ほとんどの場所ではこれといった特徴はないが、鋭い傾斜の海山や海山帯が連なっているところもある。深海平原で海水は比較的ゆっくりとした速度で流れているが、周期的に深海嵐がおこって堆積物を攪拌したり、巨大な大陸棚の地滑りと連動して濁流が海底峡谷に落ちたりする。いくつかの場所、例えばノヴァスコシア沖の大陸斜面底では、このような深海嵐と速い流れとが大きなエネルギーになって海底を一掃し、硬い表面を露出させている。

大陸と大陸の間に横たわる深海平原は、中央海嶺によって分断されている。そこでは、垂直に切り立った断層に沿った火口からあふれ出る噴出物が新しい地殻を形成して、そこから海底が広がりはじめる。大西洋とインド洋と南極海の中央海嶺は、だいたい大洋の中央部に位置するが、太平洋では東方の、水深約2500メートルに連なっている。大陸性地殻と海洋性地殻の境界線付近は地質活動がさかんな地域で、ここでは深い海溝が深海平原を分断している。海溝は海底が広がって大陸のプレートの下に潜りこんだ跡で、大西洋よりも太平洋でよくみられる。これらすべての海の地形は海底の生物的特徴と密接に関連している。[27]

深海底の動物は、①露出した岩の上や海底を自由に移動する大型種、②硬い海底に固着したり、堆積物の中に潜ったりするメガベントス、③堆積物の中に生息するマクロベントスとメイオベントス、④原生動物やバクテリアを含む微生物、から構成されている。海底を移動するのは、表在動物や海底境界層の魚類である。固着生活をするものには、海綿や、生涯のほとんどをポリプとして硬い基底に着生して過ごし、ほんのわずかな期間だけ浮遊生活をするクラゲや、ウミエラ、ウミウチワ、深海性サンゴ、イソギンチャク、ウミユリ、深海性蔓脚類、ホヤなど

がいる。堆積物や露出した岩の上に棲む小さな種は多い。その中にはゴカイ、二枚貝、巻貝、節足動物、ウニ、有孔虫など、なじみ深い分類群に属するが変わった形の生きものが含まれている。

　変化に富むこれらの生きものの餌はいろいろであるが、ほとんどすべてが食物連鎖をたどると表層にいくし、直接表層から供給されているものもある。植物プランクトンや動物プランクトンの遺骸や糞塊は、マリンスノーとして海底上に比較的均一に降り注いでいる。これらの有機デトリタスのかたまりは海底に達する途中で分解されるにもかかわらず、かなりの量が確実に海底まで到達するから、底生生物にとってはとても重要な餌である。マリンスノーの沈降は、海全体でみられるが、その量は表層での生産性の変化にともなって時間的、空間的に変化する。魚やイカや海産哺乳類といった大型生物の死体も時々海底に達して、周辺の底生生物に束の間豊富な餌を供給する。このときたま餌が落ちてくる場所は決まっていないので、そのことも種の多様性の高さに関連しているかもしれない。鯨やそのほかの哺乳類が今よりももっと多かったとき、それらの死体は海底で重要な食物源となっていただろう。落ちてくる餌を次々に食べながら移動する好機便乗型の種に、大型動物の遺骸は現在も食物と棲み場を提供している[28]。

　深海の底生生物の種の多様性を高めているのは、堆積物の中に生息するメイオベントスの存在で、その豊富さはつい最近になってから評価されるようになった。米国東岸の水深1500～2500メートルの深海底では、小部屋と同じくらいの21平方メートルの区画から171科と14門の属を含む798種が同定され、そのうちの460種は新種であった。さらに周辺から得られた200の試料からはほぼ同じ率で別の新種が発見され、全部で1597種が同定された。これらのデータから、調査を行った科学者たちは大西洋の海底には100万種から1000万種が存在し、深海生物の種の多様性は熱帯雨林のそれに匹敵するほどだろうと推定している[29]。

　海底の生物群集の多様性がどういったものかは、多くの学術誌上で論争の種になっている。種の多様性は、きわめて限られた面積での採集試料の調査結果にもとづいてしか評価できないが、いろいろな推定で数がずいぶん違うのは、それぞれが数少ない試料をもとに全海底の種数を見積もったためである。海底には既に発見された種数以上にはいないと信じていたり、そこでの種の多様性は低く、せいぜい数千種ぐらいだろうと考えている研究者もいる。種数についての論争は深

海生態系の研究を刺激し、多くの調査を実施させるのには役立っている[30]。

初期の科学者たちが想像した海底は、生命がほとんどない暗く冷たい環境であった。彼らは高い水圧、低水温、少ない餌の供給などからみて、この環境で生存できる生きものはほんのわずかだと考えた。はじめの頃に行われた深海生物の採集の結果も、この考えを検証したようにみえた。しかし、その頃の採集方法では試料の大部分が、海底から水面に引き上げるまでの間に失われていた。ようやく1960年代後半に採集技術が改良され、科学者たちは北大西洋の深海堆積物中にみられた高い種の多様性をはじめて報告した。かれらは深海底の生物現存量は低いが、多数の種が不均一な分布をしていることを発見し、それ以前の、種の多様性は深くなるにつれて低下するとか、深海底は環境が均一で餌が少ないために多様性は低いという推定をくつがえした。深海底の生物群集がどのように広く分布しているのかはまだわかっていない[31]。

太平洋や大西洋や2つの極海での調査によって、それぞれの大洋底には独特な生物群集が棲むことや、種の多様性は緯度に沿って変化することが確かめられた。海底の生きものは、大陸の存在が生殖隔離に働いたために、大洋底ごとに種の分化がおきたものと考えられている。分布が深さによって変化することはすべての海で共通しているが、いくつかの大陸棚の調査で得られた、堆積物中の高い種の多様性を示す新しいデータはこれまでの概念を今後多少変えるかもしれない。大西洋では大陸斜面の中程の水深1500〜2000メートルに多様性のピークがみられる。太平洋ではピークはこれより多少深いようである。深海平原からさらに沖側へ進むにつれて、種の多様性は低下し、海溝でさらに低下している。大型種の多様性は小型種よりも幾分浅いところで最高に達しており、深いところは大型種の餌が少ないためであるとされている[32]。

北大西洋は、底生生物に関して最もよく研究された水域であるが、北大西洋と北太平洋の両方から得られた資料から推定すると、北太平洋の方が種の多様性が高そうである。そこでの種の分布の豊かさは一様ではなく、比較的近接した海域の間でも、種数はかなり変化しており、それには大陸斜面の堆積物の安定性や海底の流れや表層の生産性の違いなどのいくつかの要因と関係があると考えられている。北極海の種の多様性は低い。それは、北極海が地史的に新しいことに加えて、浅瀬によってほかの大洋から離れて孤立していることや熱水作用などの要

因の組み合わせによるものだろう。地中海や日本海や紅海などの縁辺海もまた、近くの大洋底から隔たったり浅瀬によって区切られたりしていて、外からの生きものの侵入が妨げられている。

　深海の環境は地史的な長い時間にわたって安定していたし、また世界中の海洋環境の多くは比較的短い時間的規模では、あまり変動しなかった。この安定性は、深海底で多数の特殊化した種を進化させるに十分な時間を与えたのであろう。このことは、例えば北極海のように新しい海では種の多様性が南極海のそれよりも低いことで説明される。底生生物の高い種の多様性を説明するためのほかの要因には、深海が広大で分散が容易であるということがあげられる。自由な移動を制限する物理的な障壁が少ない環境では、種は繰り返し広い範囲に分散し、同じように分散する多くのほかの種と共存する。この結果、狭い範囲での種の多様性は高くなるだろう。

　このような時間安定説に対して、一部の研究者は、適度な間隔と規模の生物攪乱がおきることによって棲み場の環境が複雑になることが、高い種の多様性の原因であると説明している。

　例えば、生産性が低く、大規模な物理的攪乱を受けにくい深海底で、ある生きものが穴を掘ると、堆積物がまわりに積み上がって長く残る。プランクトンの遺骸のような小さな有機物のかたまりがその陰やくぼみにたまると、そこには局所的に新しい生物群集が集まる。木や魚や鯨のような大きな物体が落ちてくると、小さな地形の変化がおき、さまざまなタイプの腐食性の種がそこに引きつけられてくる。深海底に沈降する1枚のアマモの葉さえ、独特な生物群集にしばらくの間、棲み場を提供する。しかしながら、これらの生息環境は長続きしないから、種の構成は時間的にも空間的にも変化する。生物作用にもとづくこのような小規模で散発的な攪乱がニッチを増やし、高い種の多様性を保持しているのだ。

　また、深海底によくみられるナマコのような移動性の大型種の摂餌活動が、餌になる多くの小型種の種間競争をやわらげ、多様性を高めるのだろうと考える研究者もいる。

　一方、近年、深海底ではときには秒速20センチメートル以上の流れをおこす嵐が数日も続き、海底の厚さ数センチメートルの堆積物をはがし、海底境界層の水を攪乱することがわかってきた。そこで発生する渦流の働きも深海底の生物群集

写真11　シロウリガイ属の二枚貝と蔓脚類
　　　　沖縄トラフ伊平屋海嶺、水深1400メートル〔(独)海洋研究開発機構提供〕

構造や多様性にかなり影響しているようである。[34]

4. 熱水噴出孔の生物群集

　1977年、ガラパゴス諸島沖の水深2500メートルで熱水噴出孔がはじめて発見された。そして、そこにはハオリムシ（tube warm）に代表される豊かで変わった生物群集がみられることが確認された。熱水噴出孔の生物群集は自然史のうえでの20世紀最大の発見のひとつといわれている。熱水噴出孔は、新しい地殻が形成される中央海嶺や海底の拡散作用にともなってできる裂け目や、海洋性地殻が大陸性地殻の下に潜りこむ場所で発見されている。いずれもプレートテクトニクスの活動がさかんな地域である。そこでは溶解した岩が海水と接触して固まった海底の裂け目に冷たい海水が流れこみ、地殻の下で反応し、特に硫化物や硫化水素

を多く含んだガスと鉱物に富んだ熱水となって噴出する。これらの噴出は含まれる内容物によって、ブラックスモーカーとかホワイトスモーカーとかよばれている。ブラックスモーカーは非常に高温で硫化物粒子が豊富な熱水を噴出し、ホワイトスモーカーは温水を噴出する。これらの熱水噴出孔とそれを取り巻く環境の特徴は、化学物質の濃度や水温がきわめて短い時間と距離で変動し、温度勾配が非常に大きいことである。水温はほんの数センチメートル内で300℃以上から周囲の海水温（2℃）にまで落ちこむ。そして熱水の噴出活動はおよそ10年かそれ以下で終わるようだ。

　熱水噴出孔の場所は連続しているものではなく、一番近いものでさえ数百キロメートルも離れているから、そこの生物群集がどのような方法で分布を広げているのかはとても興味ある疑問である。

　熱水噴出孔の生物群集は、独特の食物連鎖で生きている。食物連鎖の源となる有機物は植物の光合成ではなく、熱水中の硫化水素のような化合物を利用するバクテリアの化学合成で生産されている。化学合成バクテリアの高い生産性は、豊かな生物群集を支えているが、そこでの種の多様性は低く、これまで熱水噴出孔から報告されているのは全部で500種程度である。固有種は200種あまりにすぎないが、その多くは熱水噴出孔固有の科に属している。その多様性の低さにもかかわらず、熱水噴出孔の生物群集はみるものに強い印象を与える。というのは、硫化水素を利用する化学合成バクテリアを体内に共生させて、それから栄養を得ている巨大なハオリムシやシロウリガイ、また化学合成バクテリアを餌にしているユノハナガニやツノナシオハラエビと、それらを食べるゲンゲ科の魚のような奇妙な大型種の個体群密度がきわめて高いからである。ユノハナガニの目の網膜はむき出しになっていて、熱水噴出孔の放つ仄暗い化学発光を感じることができる。この能力によって、ひとつの熱水噴出孔が活動しなくなったときにほかの新しい噴出孔をみつけるのだろう。(35)

　熱水噴出孔の酸素濃度は低く、硫化物や石油をもととした炭化水素や重金属といった潜在的に毒性のある物質の濃度がきわめて高い。その環境はほかの海底環境と大いに異なるため、ここでみられる生物群集はほかでは通常みられない。しかしながら、海底に沈降して残された鯨の骨が、熱水噴出孔の生きものとよく似た化学合成を行う種を含む微生物群集の隠れ家となっていることがわかって以来、

鯨の骨は熱水噴出孔生物群集に棲み場を提供し、別の熱水噴出孔への"飛び石"となって、その分布拡大に役立っているのかもしれないと推測する科学者もいる。[36]

5. 海底峡谷と海溝

　海底峡谷や海溝の底生生物の多様性は、それを取り巻く深海平原や大陸斜面の多様性よりも低い。海底峡谷は険しい斜面で堆積物が地滑りをおこしやすい。この不安定さに加えて峡谷には速い流れがある。これらの作用によって峡谷の側壁が削られて岩肌を露出するので、その環境は硬い基質に固着したりくぼみに隠れたりすることができる種だけに有利である。一般に海底峡谷は栄養塩類が豊富である。だから種数は少なくても、漂泳界は生命に富んでいる。

　海溝は水深6000メートル以上の場である。最も深いマリアナ海溝は、水深1万1000メートル以上である。これらの険しい斜面の生態系も堆積物の地滑りを抱えているが、地滑りは全体におこるわけではないし、海水の流れも海底峡谷ほど速くはない。海溝にはその場所独特の深海生物群集が棲み、種の多様性は低い。多様性はもっと高い階級の類群でも低く、生物群集の構成は違った海溝の間で似ている。しかし、場所によっては独自の固有種がみられることがある。

6. 極域の海

　まわりを大陸に囲まれた北極海と南極大陸のまわりの海には、硬い氷が浮かぶ特別な漂泳界の生態系がある。緯度が高いことと低温と氷は、この2つの生態系に共通だが、ほかの点ではかなり異なっている。北極海は広々とした大陸棚が海の下にあるが、南極海は大陸を囲む深い海である。北極海は季節的にまわりの陸上の河川から運びこまれた栄養塩類を大陸棚上で混合する。一方、南極海は北極海より2倍大きく、より安定した状態が保たれているのが特徴で、季節的に、浮氷が吹きつけられて凍りついたパックアイスの棚ができ、激しい水の鉛直混合がおこる。この混合によって、陸からの供給がない南極海に栄養塩類がもたらされ

る。近年の調査によって、南極海には鉄分が乏しいことがわかり、もしもっと鉄分があるなら植物プランクトンの光合成活性は一気に増すだろうといわれている。[37]

氷が存在するときは、極海の氷の下への光の透過は小さい。微小藻類のような光を必要とする多くの基礎生産者は、氷の中やその下側に付着して生きている。バクテリアや原生動物やいくつかの動物プランクトン（ある種のカイアシ類やオキアミ類）もまた、そうである。外洋では植物プランクトンが海水の混合によって供給される栄養塩類の量に反応して突発的に大増殖する。そして、食物連鎖の基礎となり、最終的に莫大な数の軟体動物や魚や海鳥や哺乳動物を支える。氷に覆われた海の生物多様性は、風によって氷が別の場所に流されてしまったり、暖かい海水が深層から湧き上がってきたりしてパックアイスに水路やポリニアとよばれる開氷面ができると豊かになる。ポリニアは毎年ほぼ同じ場所にできるが、そこは栄養塩類が湧き上がってきたり、日射のある季節には太陽に照らされたりして生産性が高く、豊富な餌を求めて海鳥や哺乳類が毎年集まる場となっている。また、氷の不均一な分布はそこにみられる微小な生きものの種多様性を高めているが、並はずれて高いものではない。[38]

北極海には、夏の短い雪解けの期間にまわりの大陸の河川から淡水が流入し、比較的多量の栄養塩類が供給される。この海は縁辺で凍ったり溶けたりする平甲板状のパックアイスによって覆われている。氷の面積は夏と冬とでたった10％ぐらいしか変わらない。また、まわりに浅い海棚があるので、ほかの海との間の海水の交換は少なく、孤立している。ホッキョクグマやアザラシはパックアイスの上で食物を探し、繁殖を行っている。ここには多くの種類の魚類と海鳥がいる。一方、南極海では、ペンギンやアザラシが氷を同じ目的で使っている。しかし、魚類はそう多くない。そこではオキアミ類やイカ類のような無脊椎動物が海の生物相を代表し、莫大な量が海鳥や哺乳類の餌となっている。

2つの極海の間には底生生物にも大きな違いがみられる。南極大陸では、パックアイスが大陸の縁を取り囲んでいる。しかし、氷の面積は年間70％以上も変わる。そのうえ、氷が溶けたときには中に堆積していた有機物や岩や砂利が海底に沈降する。堆積物は海底に不均一にたまるので、底生生物の種の多様性は高くなる。そこには多くの固有種がみられるが、わずかな門、もしくは似たタイプの動物しかいないため、生物相は単純である。北極海で普通にみられるカニやサメや

多くの底生魚類、多毛類、巻貝類、大型二枚貝類などは南極海にはいない。[39]

　南極海の無脊椎動物の種多様性は北極海の約2倍である。しかしながら、それでも低緯度域よりもずっと低い。極海では低温のために分解が進まず、栄養塩類の再循環の速度が遅くなるので生産性が高まらない。これが低い種多様性の原因になっているのかもしれない。[40]

　こうした極海の魚類は成長が遅く、長寿で成熟までに時間がかかるのが特徴である。したがって魚群が発見され、資源開発がはじまると、短期間のうちに獲りつくされ、加入が期待されないままに枯渇に陥ってしまう。南極大陸周辺の水深2000～3000メートルに棲息するメロ（ギンムツともよばれる）は成熟までに6～9年かかり、寿命は40～50年らしいが、1970年代に深海延縄での漁獲が始まってから、1980年代には資源量が急減した。

第5章
生物多様性への脅威

オウムガイ
(パプア・ニューギニア、1968)

生物多様性が、議論すべき保全問題として広く認められたのは、1970年代のことだが、海の生物多様性への脅威が注目されはじめたのは1990年代になってからである。陸上で種の多様性が最も高い熱帯雨林の急速な破壊は一般市民にも生物多様性の大切さと脆さとを気づかせてくれた。実際、熱帯雨林での種の絶滅速度の速さは私たちに大きな不安を与えるが、みえない海の生態系を含め、すべての地球の生物多様性のおそるべき現状がわかればもっと戦慄を覚えるに違いない。現在記録されている種数は地球の歴史の上で最高に達しているが、失われた数も最も多いはずだ。今後の50～200年間で、種の50％が人間活動のために絶滅するだろうという予想さえある。

　種の絶滅はいつの時代にもおこっている。それは新しい種が出現する過程で生じる自然現象のひとつであった。過去の絶滅の速度はゆっくりで、新種の形成速度と釣りあっていたか、それよりもゆっくりとした速度で進行した。そのため全体として地球上に生命が誕生して以来、生物多様性は増え続けた。その間には、大量絶滅がおこった時期も幾度かあり、そのときの絶滅速度は100万年あたり少なくとも25～50％、もしくはそれ以上で、かなりの種数が失われた。最もよく知られているのは、白亜紀末期の恐竜類を含む大量絶滅である。

　生命の誕生以来、どの種が生き残り、どの種が絶滅したかは、多くの場合偶然的なものであった。確かに地球上の生命は、環境の物理的、化学的変化がおこるたびに、常に増えたり減ったりしてきた。

　生物には環境の変化に適応するための時間、即ち、在来種が移動や遺伝的適応をするための時間や、環境の変化の下で生き延びることができるであろう新たな遺伝的変異や新たな種が生まれるための時間が必要である。新たな種の誕生には数万年を要し、新たな属や科の誕生には数百万年を要すると考えられている。しかしながら、人間による急速な破壊の下ではこれまでのようなゆっくりした種の進化は許されないだろう[(1)]。

　かつての大量絶滅の場合は、そのあとに最初の減少の速度を補うほどではないけれども、ほかの地域からの外来種の侵入や、新しい種の誕生が続いた。今日の種の絶滅速度がようやく緩やかになった後、同じようなことがおこるのかどうか、それはわからないが、人間が引きおこした地球の歴史上6回目の大量絶滅は、かつての絶滅の地史的時間よりも、もっと短い時間に、しかも海を含めたすべての

環境でおこっている。

　海洋環境は、陸上に比べて穏やかで安定している。外洋や深海での季節的変動や年間の変動幅は特に小さい。このような好ましい環境は、多数の種の繁栄を助けてきた。だが、そのために突然の環境の急激な変化に多くの種は容易に適応できないだろう。

　海では、多くの種が緯度や経度や深度によって異なる環境要因の組み合わせに適応していろいろな水域に棲んでいる。そして分布域の境界を生きものと化学物質がゆっくりと出たり入ったりしている。だから、そこでは環境が悪化しても、より好ましい環境に散らばることで生きものは適応性の欠如を補うだろう、と幾人かの科学者はいっている。しかし、すべての種がそんなにたやすく移動できるわけではないから、それらが生存を脅かされることは確かである。

　もう一度、思いを新たにしてほしい。生態系の中で種は単独で生活できるものではない。生物群集は相互作用のネットワークによって維持されている。したがって、ひとつの種の絶滅がほかの種に伝染することもある。そのうえ、人間の引きおこした海洋環境の悪化の範囲は、これまで私たちが考えていたよりも、もっと広範囲にわたっていることが、今日の科学で認められている。海の生物多様性への主な脅威をまとめると次のようになる。

1. 乱獲と養殖

　近代漁業は数えきれないほどの海洋哺乳類を殺し、鯨やそのほかの絶滅危惧種が生きることさえ難しい状況をつくってきた。途上国の沿岸では今日も海鳥やウミガメやそれらの卵が獲られ、さんご礁からは色鮮やかな熱帯魚の数々が観賞用として先進国に輸出されている。

　これまでに失われた種の中には、ステラカイギュウ、タイセイヨウコククジラ、ラブラドルカモ、オオウミガラス、カリブモンクアザラシなどがあるが、これらはすべて西欧先進国の人間による乱獲の犠牲者である。捕鯨業は、1年に5万頭以上の鯨を殺していた1950〜1960年代がピークだったが、今もまだ一部では続けられている。

英米などかつての最大の捕鯨国が保護の先頭に立って、ノルウェーや日本やロシアやアイスランドなどの捕鯨後発国やクジラを食文化のひとつにしている国々を責めるのは身勝手だ、という感情を持つ人は捕鯨反対を主張する国にも少なくないだろう。シロナガスクジラやナガスクジラなどの絶滅危惧種の保護は当然であるが、ミンククジラなど小型で漁獲が可能な資源まで完全保護するのはどうか。増えすぎたミンククジラをそのままにしておいては、シロナガスクジラなどの大型ひげ鯨類の個体数は永久に回復しないだろうという指摘もある。
　とにかく、人間が変えてしまった環境は、これらの動物たちにさらに暗い影を落としている。種によっては、有毒汚染物質が体内組織に蓄積して生殖器の異常と奇形を引きおこし、病気が集団に蔓延している。赤潮はかれらを毒し、餌料となる魚の資源量は大きく減少し、成育場はかき乱され、海運やレジャーで数が増えた船舶が鯨の群れにつっこむ事態までおきている。
　19世紀末、ヨーロッパではトロール漁業の技術が発達し、漁船の航続距離が延びてグリーンランドの自然氷を冷蔵に利用することができるようになったために、北海を中心とした亜寒帯環流域のニシンやタラの漁獲量は飛躍的に上昇した。こうした漁業技術の進歩はまもなく乱獲による資源減少を招き、欧州各国の漁業資源の奪い合いは深刻な国際政治問題にまでなった。本来は共有物である生物資源を捕獲して売る漁業という産業は投資と先取り競争を助長し、技術が進歩し規模が大きくなるとともに獲りすぎから資源の減少を招き、漁業自体の後退につながるというジレンマを抱えている。ほかの産業では、需要が大きくなればもっと効果的な生産方法を追求するが、この方策は漁業には通じない。
　今、至るところで人間活動は漁業資源の崩壊という形のしっぺ返しを受けている。最も破滅的なのは北米東北沖合の底魚漁場である。そこではタラやヘイク（メルルーサ）やハドック（タラ科の魚）の漁獲量が1970〜1992年の間に67%も減少した。かつてカリフォルニアに富をもたらしたマイワシ漁は1940年初頭に消滅したし、1972年頃にはペルー沖のカタクチイワシ漁が80%も下降した。そして、1990年代からはベーリング海のオヒョウと太平洋と大西洋のクロマグロやメカジキが枯渇していっている。カリフォルニアのシロアワビは絶滅しかけており、太平洋沿岸のサケ科魚類の数系群や熱帯のオオシャコ（貝）や黒海のチョウザメなどいくつかの種についても資源量の低下が懸念されている[3]。

漁獲対象魚の中で最も脅かされているのは、大型で、長く生きるクロマグロやメカジキやオレンジラフィーだ。かれらは成熟するのに何年もかかるが、多くが繁殖できる前に殺されてしまうので、年々孵化する数が減少し、生き残った魚は早熟する傾向を持ち、平均体長はだんだんと小さくなっている。食物連鎖の上位にある大型肉食魚の減少が生態系全体に与える影響は小さくない。大型肉食魚が減ったので、現在、漁獲の対象はより小さい魚類やイカなどの食物連鎖の下位のものへ移っているが、餌生物を漁獲してしまえば、大型肉食魚の資源量がもっと減ることは明らかである。さらに、より小さい魚類には大型の魚類の幼魚が含まれるので、それらは再生産ができる大きさまで生きることさえできない。沿岸の漂泳界の生態系は、乱獲によって世界中どの場所でもかなり貧弱になっており、一部の科学者たちは、そのうち沿岸域は食べられないクラゲやサルパやもっと小さい生物に占められてしまうかもしれないとの危機感を抱いている。[4]

　人間は現在、魚を根絶させる能力さえ持っている。この事実に目を閉じることなく、漁獲能力を自然の供給力に見あう水準にとどめることが私たちの共通の命題である。

　不幸にも、どこの国でも水産学は生物海洋学から切り離されて発展したため、漁業対象種はいつも独立した生物資源としてみられてきて、海の生態系の一部分だとは決して思われなかった。そして、それらの資源は現在、世界的な崩壊に直面している。明らかなことは、自然と生物多様性を考えようとしなかった水産科学者は水産資源を救えなかったということである。

　魚には旬の味があり、沿岸漁業は大抵季節的に漁獲物が変わる。また、行政や漁業組合の指導力の強さにもよるが、漁業活動の多くは資源が低下したり、またはそのおそれがある場合は一時的に停止されてきた。ところが、冷凍や冷蔵技術が進歩したために、一般市民はマーケットに行けば魚はいつでも同じものが同じ量だけ買えると思うようになってしまっている。そして、沿岸の規制のないところでは、生活を維持するために漁業者は乱獲と知りながら毎日操業している。

　沿岸漁業はほぼすべての沿岸国で行われているのに対して、公海における遠洋漁業はほんの数カ国で行われているだけだが、市場規模は大きい。その操業範囲は広く、船団は高度の装備と技術を備えている。例えば、北太平洋のトロール工船は一船で10万〜30万トンを獲る。近代漁船の多くは大きな漁具を操作している

写真12 北洋のトロール工船の船上に集められたカレイ。1960年代のこのような風景はもうあまりみられなくなった

海に浮かんだ工場である。何千もの釣り針がついた150キロメートルにおよぶ延縄や、ジャンボジェット機が1ダースも入るぐらいの大きさのトロールネットや、延長70キロメートルもの大きな流し網を使っている。これらの漁船による漁獲圧は大きく、推定では何種類かの魚は毎年全個体数の80～90％が漁獲されている。近年、公海漁業も監査の対象となったが、この調子だと、資源量は容易には元に戻らないだろう。[5]

世界中で獲られている魚は何千種にもおよぶが、イワシ、アジ、ニシンといった市場の名前で示せば、わずか200種程度が統計に出る漁獲量の90％を占め、しかもそのうちの6種だけで世界市場への供給量の約25％が占められている。多すぎる漁船数と性能がよすぎる漁具で、世界の漁船は、これらの魚を資源加入量ぎりぎりまで獲ってしまう。この結果、漁獲量は1960年頃から1980年代半ばにかけて急激に増加した後横ばいになり、1990年代には漁船団の規模がさらに拡大したにもかかわらず減少した。（図3参照）漁業統計を取り続けてきた国連食糧農業機関（FAO）は、世界の漁獲対象種のほぼ半分が完全に利用され、ほかの20％か、それ以上の種は過剰に獲られているかまたは資源が枯渇に向かっていると警告している。米国海洋漁業局（NMFS）も、大西洋とメキシコ湾で獲られるすべての重要魚種を含め、モニタリングしている漁業対象種のほぼ80％が乱獲または漁獲量ぎりぎりまで獲られている、と報告している。[6]

資源論には、すべての漁業対象種は漁獲がある水準以下に抑えられていれば資源持続が可能な集約レベル、即ち、持続可能最大漁獲量（MSY）があるといった考え方があるが、科学者や環境問題専門家の何人かは、持続可能にするためには漁獲量を現在のレベルよりもっと減らさなければならないと確信している。"乱獲""MSY100％漁獲""MSY100％以下"、魚種を資源量でこのように分ける考えは、私たちの海洋生物の見方に重大な影響をおよぼしている。利用程度が"100％に満たない種"とは何のことだろうか。それは、海の魚は人間によって搾取されるためだけに存在するという意味だろうか。[7]

目的の魚を漁獲する過程で、選択能力のない漁具にかかって混獲される雑魚類は外洋域では（沿岸域のえびトロール漁でも）、しばしば目的の魚の数より多い。また、魚やえびに混じって、法律では保護の対象になっている海洋哺乳類や海鳥やウミガメも混獲される。最近の低緯度域のえび漁では、しばしば70％ぐらいが

混獲物である。雑魚の一部はフィッシュミール（魚粉）にされるが、そのほかは死んで捨てられてしまう。しかし、このことがそれらの個体群や生態系に与える影響を調査するのはとても難しい。国連総会での決議によって、流し網は今では多くの漁場で禁止されているが、それまで流し網は一定時間、何キロメートルもの長い距離に放たれ、見境なくすべての生きものを獲っていた。不慮の事故で漁船から離れ、回収されないままに流れてしまったネットの残骸ゴーストネット（ghost net）は、外洋の生きものを捕獲しながら、今でも海を漂っているかもしれない。

　漁獲対象種が変わることによって副次的に重大な影響が生態系におよぶ。大きい肉食魚は生態系における種の多様性を調整する役割を担っていることが多いが、例えば、さんご礁に棲む肉食魚のハタ類が乱獲されて減ると、漁獲の対象はより小型のブダイのような藻食性魚類に移り、それらが減ると海藻類が成長しすぎて、日光を遮られたサンゴが減る。魚種変化によるもうひとつの影響は、新たな種の加入や在来種の個体数の減少による種間作用の変化だろう。ひとつの変化が次々にほかにおよぶカスケード的効果によって食物連鎖にかかわる種の構成が変わり、概して種の多様性は低下する。乱獲される種すべての遺伝的多様性にも、漁業は悪影響を与えているかもしれない。(8)

　取り締まりの目をくぐって、依然として不法、無許可、無報告の操業はあとを絶たない。アジアの途上国などで行われている、ダイナマイトを用いてその衝撃によって失神して浮き上がってきた魚類を捕まえる漁法や、海水に青酸カリを注ぎこんで生食用や鑑賞用の魚類を捕まえる漁法は、生けどりにされて商品となる魚よりも死んでしまう魚の方が多いうえ、サンゴを含めて多くの対象外の生物が犠牲になって棲み場の環境が悪化し、漁業資源量は急激に減少している。金儲けに奔走する商業資本主義の広がりのせいで、地域の漁業者が漁獲量や漁場の使い分けを決めてきた伝統的な共同社会的制度は崩壊した。これはさんご礁を持つ途上国の社会にとって大きな悩みの種である。

　漁業の衰退につれ、多くの国は、国際市場での海の魚介類の生産を補うために、養殖を進めていった。理論的に養殖は、天然資源にかかる漁業の圧力を減らし、沿岸の生態系を豊かにする大きな可能性を持っている。しかし実際には養殖のほとんどすべては高価な魚やえびをつくるためであって、増加し続ける人口を養う

ための漁業資源の総量を増やすことには役立っていない。産業としての養殖は本来がそのようなもので、売れなければ成り立たない。環境汚染問題からは脱却しにくいし、土地と水と餌料が希少化するために、世界の養殖生産量は年間1300万トン（海藻類を入れると1600万トン）ぐらいにとどまるであろうと予測されている。

現在の技術や方法では問題は山ほどあり、沿岸生息場の変化や病気の発生と蔓延、海からの稚魚や幼魚の採捕による天然資源の減少、養殖用の品種が人為的に選抜され、また限られた少数の親個体から生産されるために、種の遺伝的多様性が失われて弱体化すること、そして外来種を多く含む養殖種の自然環境への移入（脱出）や投餌と過密養殖が原因の汚染などがそれらに含まれる。養殖技術と設備はその多くが自然環境を考えて計画されておらず、自然の生態系と両立できる種類を選んだり、適度に種類を混合したりして養殖するといった試みも海ではほとんどなされていない。すべてが利潤追求型のものだけに、多くの問題が生ずるのだ。[9]

2. 生息場の物理的破壊

生物多様性を失う最も明らかな原因のひとつに、棲み場の物理的な破壊がある。海では沿岸が一番被害を受けやすい。世界の人口250万人以上の大都市の3分の2は海に面しており、全人口の70％以上が海岸から100キロメートル以内に住んでいる。港湾の建設、水路の浚渫、道路や線路の建設、埋め立て、土手の造成、湿地の改変、干拓、堤防や小突堤や桟橋の建設、漁業や水産養殖の影響、飛行場や波止場のための人工島建設、浚渫物の処理場、マリーナや観光客設備の開発、そして河川からの取水、といったものを含めて、人口の集中した沿岸の開発や改造は生きものの棲み場をひどく損失してきた。浄化能力の低下と陸上の開発による陸土の混入によって海岸の砂の色が年々変わり、世界中で白い砂浜が失われつつあることに人びとは気づいているだろうか。米国は1970年までに、沿岸湿地帯の約半分を失った。東京湾は既に20％以上が埋め立てられた。同じように、熱帯のマングローブ林も木炭や建築資材として乱伐され、えび養殖場へと変えられ、住

宅建設や産業開発のために埋め立てられている(10)。

　川から入江に流れ出る淡水や砂の量の減少も棲み場を悪化している。これは砂防ダムの建設や川筋の改変や灌漑や飲料水のための取水が原因である。その結果、淡水に混じる塩分の増加やシリカ（SiO_2）の減少、堆積物の減少による三角州の縮小、温度勾配や栄養塩類の変化、そして河口への汚染物質の集中や増大がおこった。河口域や干潟の面積が小さくなってくると、汚染が増すために、種の分布は変化する(11)。

　流入水量の減少により劇的な変化をおこした生態系の例に、黒海や、かつてコロラド川が流れこんでいたカリフォルニア湾北部、ナイル川の三角州、サンフランシスコ湾などがあげられる。真の海ではないが、中央アジアのアラル海周辺では、1960年頃から、湖に流入する淡水を取水して周辺の広大な半砂漠地帯を農地に変える大がかりな灌漑事業が行われた。しかし、このため天山山脈の融雪水を唯一の水源とするこの閉鎖湖の水位は、1987年には13メートルも低下したばかりか、その塩分は当初、海水の4分の1程度であったものが海水並みに増加した。そして世界第4位の広さであった湖水面積は60％に減少して、漁業生産はほとんど壊滅した。そのうえ、農地に引きこまれた河川水は、はじめの頃こそ穀物や綿花の高い収穫をもたらしたが、やがて地中の塩分を表土に残して蒸発し、塩害が広がっている。

　トロールネットや底曳網を長時間曳網することによって、漁場の海底はひどく傷ついている。これらの漁法は一度使われただけでも海底を十分破壊するが、繰り返されると底生生物や底魚の群集は回復することができない。またその群集を餌にしていた漂泳生物は別の場所へ移動してしまうだろう。漁獲対象種を多獲するのが難しくなるにつれ、それを補うように魚の値段はどんどん上がるから経営は何とかなるが、その魚を獲るために破壊される海底の面積はますます増える(12)。

　いくらか違う物理的破壊は海上のごみによるものである。今や海岸でプラスチックや漁網やロープ、そのほかさまざまな種類のごみをみない場所はなく、アラスカ沿岸やオセアニアの小さな島々などの最も汚されていない環境にまで流れついている。沖縄の島々の海岸に漂着するごみの70％以上は韓国、台湾、中国からの嬉しくないプレゼントである。魚や海洋哺乳類や海鳥やウミガメがそれらに絡まって溺れたり、または飲みこんだために窒息死したり消化器閉塞をおこしてし

まった実例が報告されている。小さないのちが全体としてどれほど脅かされているのかはわからないけれど、室内実験では発泡スチロール材料のプラスチック粒子も動物の濾過機能を損ない、消化管を傷め、栄養吸収を妨げることが確かめられている。(13)

3. 化学汚染

　水質汚染は、棲み場の物理的破壊よりもずっとわかりにくいが、影響を受ける生態系の生物多様性を同じように悪化させている。そのうえ、海水に入りこんだ化学物質は、汚染源から広く分散していく可能性がある。物理的分散に加え、食物網を通しての生物的分散もある。生態系や地球環境をめぐる化学物質の流動は、食物連鎖によって決まる。化学物質は生きものの成長にとって重要であるが、同時に成長を遅らせたり、生殖機能に重大な悪影響を与えたり、索餌や逃避や生殖行動などに関係する水中の生きものの間の情報伝達にも有害な作用をおよぼすものがある。

　海洋汚染全体の80％は陸上の人間活動によるもので、残りの20％は船舶の航行やごみ処理、油田やガス開発、深海採鉱などの、海におけるさまざまな活動が原因である。汚染の原因となる化学物質は直接海に垂れ流されたり、川から流入したり、大気へ発散された後、風に乗って海面へと運ばれる。それらは現場の海水を汚染するだけでなく、近海や深海、そして汚染源から遠く離れた極域の海にまでおよぶ。(14)

　そのような海洋環境への汚染の脅威は、まさに水の特性がなすものである。化学物質には水溶性や脂溶性のものが多く、水の中や堆積物の中に棲み、餌を食べる生きものは影響されやすい。それらは動物の体内に取りこまれて残留し、食物連鎖を通じて栄養段階上位の捕食者の体内に濃縮される。これが「生物濃縮」とよばれる過程である。

　化学汚染には過剰な栄養汚染と毒物汚染の2つのタイプがあるが、それらの行方と生きものや生態系に与える影響はかなり異なる。

第5章 生物多様性への脅威

3-a. 栄養汚染

　生きものの成長や健康には窒素、リン、珪酸、鉄などたくさんのミネラルが必須である。海水中にはこれらの物質を含んだ栄養塩類が溶けている。だが、栄養塩類はしばしば不足し、微小藻類の成長を制限している。反対に、栄養塩類が大量に海水中に存在するときには藻類が大増殖や異常発生を引きおこす。この過程で一番重要なのは植物プランクトンである。

　天然では栄養塩類は嵐や風によって海の下層や海底からまき上げられ、陸上からは植物起源の腐食物質を多く含んだ堆積物とともに流れこむ。栄養塩類はまた、農地からの肥料や家畜の糞尿を含んだ水の流入や下水処理場からの排出や漏出によっても海に運ばれる。大気は汚染によって窒素成分を過剰に含んでいるから、雨水が流れこむと沿岸水の窒素濃度は増大する。海水には高い緩和作用があるので、酸性雨は海水を容易に酸性にはしないが、加わった窒素が富栄養化の原因になる。沿岸水中の窒素の25～40％は大気由来のものである。米国のチェサピーク湾に流入した窒素の少なくとも25％が、オハイオ州までも含む広い範囲での車や石炭火力発電所による大気汚染が原因であったと報告されている。

　窒素はたぶん人間活動から生じる最も顕著な栄養汚染物質である。地球大気の主要成分である窒素ガスと、水に溶けてイオン化して植物が利用できる形になる大気中の窒素化合物との間には大きな違いがあって、窒素ガスは窒素固定バクテリア以外にはほとんど利用されないが、海水に溶けた窒素化合物は主要な基礎生産者である植物プランクトンによって直接利用される。普通、窒素の添加は、単に生物の成長を助長するだけだと思われるだろう。確かに、窒素やほかの栄養塩類の流入による藻類の増殖は、ある程度までは生物多様性を損なうことはなく、生態系の生産性を増加させる。

　しかし、量が多すぎると特定の種の異常発生と大増殖を引きおこし、すべての生態系に悪い影響をおよぼす。藻類の成長は植食動物が消費できる量を超え、その大増殖によって藻類の密度がさらに高まるために藻類自身も太陽の光を遮られたり、一時的な栄養塩類の枯渇のために死んで、海底にたまる。死んだ藻類はバクテリアや原生生物が分解するので、底層の酸素濃度は低下し、酸素欠乏を引きおこす。海底の生きものはもし移動できるならそこを去るだろうし、定着してい

るなら死んでしまうだろう。食物連鎖のすべての段階で物質循環が滞り、種の多様性は低下し、生態系は悪化する。この過程が"富栄養化"である。

　もし、栄養塩類が健全なレベルに戻るならば、植物プランクトンの密度は適度なものになり、生態系は回復するだろう。しかし、いくつかの河口や沿岸域には絶え間なく栄養塩類が流入するため、決して元には戻らない。河口域以外にも富栄養化の最もひどい例がある。それはメキシコ湾の浅い沖合の1万8130平方キロメートルにもおよぶ「死の海」である。そこには、ミシシッピー川を通って、米国中部の農業地帯からの多くの有機栄養物質が流入していて、夏になると富栄養化が進み、海底は無酸素状態かそれに近いものになる。近年、この水域の低酸素状態は面積的にも時間的にも増加した。名前の通り、ここでは生きものが死に、生物多様性もひどく低下している。

　ニューヨーク州沿岸も、米国北東部の都市からの下水によって富栄養化が進んで、海底近くが貧酸素状態になる期間がある。東京湾も同じだ。富栄養化のうえ、海底には建設用に砂を取った後の深さ十数メートルのくぼみがいくつもある。夏の間、日射によって暖められた軽い海水は下層の冷たく重い海水の上に乗って鉛直構造が安定しているので、くぼみの中には有機物がたまり、分解によって酸素が消費されて多量の硫化水素を含んだ貧酸素水が閉じこめられる。やがて涼しくなって、成層が壊れてくぼみの中の水が風で浅瀬に寄せられて動くと、途中の魚や底生生物などは窒息して死んでしまう。この現象は海水に含まれる硫黄粒子の色から「青潮」とよばれておそれられている。そこでは、生物多様性の損失が何年にもわたって続いている。

　栄養汚染はしばしば植物プランクトン種数の減少と特定の種の異常発生をおこす。極端な場合は過剰な栄養塩類がほかの環境の特性と結びついて、ある好機便乗型の微小藻類の数種のみが大増殖して、水の色をその種の色にかえてしまう。赤潮とよばれているのがこれである。このような特定の微小藻類の異常発生は、それが動物プランクトンのよい餌にならず、特定の小型カイアシ類のみが増える原因となる。

　一方過剰な漁獲のために、これらの小型カイアシ類を食べる魚類は減少している。このような状況に大発生するのがクラゲである。クラゲは刺胞を備えた触手と、木の根のように広がった水管で微生物から小魚まで広い範囲の生きものを餌

にすることができる。餌の中には魚卵や稚仔も含まれるから魚類の個体数はさらに低下し、資源の回復はますます困難になるだろう。このシナリオは科学的に完全には実証されていないが、こうして栄養汚染がさらに進行すると、食物連鎖が変わり、やがて沿岸域はクラゲだらけになるかもしれない。実際、東京湾や瀬戸内海では既にミズクラゲが主要な構成群になるほどに増えて、火力発電所の取水口を塞いだり漁業被害をおこしたりしているし、日本海沿岸では巨大なエチゼンクラゲが大量に出現して沿岸漁業に甚大な被害をもたらしている。主な原因がエチゼンクラゲの発生地と推定される中国沿岸の環境変化にあることは間違いない。[15]

　栄養塩類の増加が有益であるか有害であるかは、現場での濃度によって決まるので、普通は沖に流れ出れば、発散して、問題を引きおこす濃度以下に薄められるといわれている。これは船で沖合にし尿や汚泥を投棄するときや、パイプを外海に設置して有機物を多量に含んだ下水を海に投棄する場合に、それらを正当化するためによく使われる説明である。

　しかしながら、汚染物質を長い期間にわたって沿岸域に排出したり投棄したりすれば、広い範囲で富栄養化はおきるし、水質汚濁や汚染物質の海岸への再接近などの望ましくない事態も発生する。溶解した有機栄養物質の分散だけが単なる問題ではない。下水沈殿物に含まれる病原体や有害物質がさらなる環境問題を引きおこすこともあるだろう。沿岸域の栄養濃度を低下させるためには、例えば、肥料の使用を制限したり、空中散布を減じたり、もっと汚染排出処理技術を高める（第3次処理で栄養塩類を取り除く）ほか、汚水処理場から出る汚泥を無害かつ無病原体の肥料にして陸上に戻したり、肥料加工ができるコンポスト型トイレをつくって、水で流したり汚水浄化槽にためることをやめる、といった方法がある。[16]

　栄養汚染は、急速な工業化を進める発展途上国で最も重大な海洋環境破壊をもたらしている。人口増加が著しいそれらの国々では下水処理が十分でないか全く行われていない。そして沿岸の人びとは大量の汚物を海や運河にたれ流している。今では、栄養汚染が沿岸漁業衰退の主要な要因のひとつだと疑われている。それ以上に、やはり同じ道を通じて引きおこされる毒物汚染はもっと恐ろしい。[17]

3-b. 有毒微小藻類の大発生

　沿岸域でのプランクトン性の有毒微小藻類の異常発生は近年、世界的に広がっている。単細胞の有毒藻類はさまざまな強さの毒素をつくり出し、これが食物連鎖の上位にいる動物に影響を与える。また、食物連鎖を通じて毒素を取りこんだ魚や貝類を食べた人間に麻痺性中毒や下痢をおこさせ、ひどいときには死に至らせることもある。中緯度から高緯度地方の沿岸域では、栄養汚染による無毒の珪藻類の異常発生のあとに、毒性を持つ渦鞭毛藻類の異常発生が続く傾向がある。海水は赤潮のようになることもあるが、色がつかないと、まず気がつかない。

　富栄養化はしばしば有毒藻類の増殖期間を長びかせ、海域の生物多様性や生産性を、少なくともある期間著しく低下させる。その驚くような例は、1990年代に米国南部の大西洋岸の汽水域でたびたびおこった有毒藻類の異常発生である。ごく小さな原生生物である Pfeisteria piscida によって無数の魚が死に、単に水に触れただけの人間の健康が害された。この生物は一見作り話のように簡単に魚を死に至らしめ、そして死んだ魚の組織を食いつくしたが、その発生と増殖には豚や七面鳥の飼育場が集中している場所から流れこんだ過剰な栄養塩類が関係したらしい。[18]

　有毒藻類の異常発生の規模や発生する時期は場所によってかなり異なり、ひとつの湾の一部だけでおきることもあれば、沿岸の数千平方キロメートルにもわたって発生することもある。毎年同じ場所で発生することもあれば、一度だけ突然発生することもあり、数週間で終わることもあれば、毎年発生し、それが数年も続くこともある。世界中でこのような異常発生の発生件数が増加していることの原因については、まだ議論が続いている。ある科学者たちは人間が沿岸環境を変化させたためであると確信している。異常発生の原因になるいくつかの有機物があって、それを取りこんだ種が、生物群集の中ですばやく優占種になってしまうという説や、有毒藻類は常に至る場所に少数が散らばっているが、それらにとってよい環境要因が組み合わされば、それが引き金となって成長速度や優占度があがるという説がある。[19]

　有毒藻類の異常発生は、沿岸域における漁業にも深刻な影響を与えている。異常発生をおこす種には神経毒をつくるものが多い。この毒はこれらの藻類を直接

摂食するムラサキイガイやほかの貝類などには影響がないが、汚染された貝類を食べる脊椎動物にとっては有害である。アルゼンチン沿岸でおこったサバの大量死は有毒藻類と関係があるといわれている。サバは藻類食のサルパを捕食しているので、体内にはサルパが食べた有毒藻類からの毒が徐々に蓄積したようだ。有毒藻類は魚類を大量に殺しているが、それとは別に、魚類に死には至らない慢性的な影響を与え、感染症をおこし、摂餌量を下げ、再生産を低下させるという報告も増えている。したがって、これらの有毒藻類の異常発生は魚類の個体数を減少させることの一因になっているかもしれない。いくつかの毒性はまた、海産哺乳類の集団死の原因にもなる。もっとも、哺乳類の抵抗力を低下させた最大の要因は人間による環境の悪化だと思われているが。[20]

3-c. 毒物汚染

海水中にはほとんどの生物にマイナスの影響を与え、栄養塩類とは違って、どんな場合でも無益な化学物質がいくつも溶けこんでいる。どれほどの濃度まで生きものがそれに耐えられるか、どれほどだったら害がなくなるかは物質の種類や判定方法によって異なる。

多種多様な合成化学物質が日常的に放出され、海の環境悪化の潜在的な原因となっている。自然発生する化学物質のいくつかにも毒性がある。すべての有毒物質が与える影響には、奇形、病気、障害、性変化、生殖機能の欠如、コミュニケーション障害、行動異常、死亡などがあり、それらは生態系における遺伝的多様性と種の多様性の低下をもたらしている。

油やある種の有毒金属や放射性同位元素などのように、天然に存在する物質も、ときには海洋生態系にとって有害である。石油は海底から汲み上げられ、タンカーで輸送され、多くは沿岸のさまざまな種類のタンクの中に蓄えられているが、これらすべての過程が海洋環境の汚染源になる可能性がある。車や道路や建物の表面から溶け出した化学物質が混ざった都市の雨水や、下水処理場からの排出水、鉱山や有毒金属を使用した産業からの排出水などに含まれた有毒金属もやがて海に流れこむ。

海面ミクロ層には栄養分豊かな有機分子や有毒金属や合成有機化合物が集中している。海面には強い表面張力が働いており、毒物を含む金属イオンは、そこで

天然あるいは合成の有機分子とくっつく。この栄養分と毒物のスープの中の毒物の濃度は、まわりの2～2000倍である。バクテリアもまた海面ミクロ層に集中しているし、プランクトン期を持つ多くの魚や無脊椎動物の初期発達段階にとっても、極表層は重要な場である。そこでの卵や幼生に対する汚染の影響は、死や奇形や染色体異常となって現れることが、サバやカレイなどで観察されている。汚染の結果は海面だけでなく、これらの成魚が棲む広範囲の生態系での個体群密度と生物多様性にも影響している。(21)

汚染物質は海底堆積物中に集中し、長くそこにとどまっている。そこにみられる有毒物質は過去の産業からの流出や投棄などの痕跡かもしれないし、現在も混入が続いているものかもしれない。多くの有毒物質が堆積物に結びつき、水中よりも高い濃度で海底に集積する。この作用によって、有毒物質はある程度海水からは取り除かれるかもしれないが、堆積物が有毒物質を保持できる量には限界があり、最後には毒物も水中へ漏れ出してくる。それらは、泥を食べたり泥に触れたりする動物によって吸収され、体の組織に蓄積され、時間を経て高いレベルに濃縮する。そして食物連鎖を通ってさらに上位の生物の体内に濃縮される。

生体に吸収された後の有毒物質の動きは、貯蔵、代謝、排泄のバランスによって決まる。それは種や化学物質によって異なるので、生物濃縮と持続時間の規模は、分類群と栄養段階で違ってくる。したがって、生物濃縮の程度には大きな幅ができる。残留性の高い汚染物質が一番蓄積されるのは、メカジキやアホウドリやアザラシのような栄養段階の最上位に位置する寿命の長い肉食動物である。

3-d. 油汚染

油は普通、油田のある海底の「漏れ口」からゆっくりしみ出している。これらの漏れ口には、油を分解し代謝する微生物や動物が棲んでいる。そのような種類は多くはないが、特殊な環境に生きものがどのように適応進化してきたのかを考えるための例となる。

油に適応できない生きものの世界に、もし多量の油が流れこんだら、それは多くの種にとって致命的であるばかりか、ほかにも慢性病や生殖障害をおこす。海洋環境への多量の油の流入は、オイルタンカーの油槽の定期的な洗浄、油田からの漏出やしみ出し、もしくは陸上からの漏出によるものだ。流出事故で海に流入

第5章 生物多様性への脅威

する油の量は、慢性的ともいえる油の漏出量全体に比べると多くないが、ある場所で突然発生するので、周辺の環境に劇的な影響をおよぼす。

　油流出の恐ろしさは、エクソンヴァルデス号やトリーキャニオン号やアモコカデス号などのタンカー事故と、メキシコ湾のアイソック油田事故やその後の長期にわたる海岸への油の付着で、多くの人びとに強い印象を与えた。こういった災害のたびに、死んだり死にかけたりしている動物たちが映像で報道される。災害現場では、ボランティアたちによって鳥やオットセイなどから油をふき取ることに多大な努力が払われるが、おそらく被害を受けた動物のほとんどは放たれても生き残らないだろう[22]。

　しかし、水中や水底に棲んでいる動物や微生物への油流出の影響は、テレビカメラではみえないし、事故後の目にみえることなく長く続いていく影響が報道されることはほとんどない。また、たとえ1989年のアラスカにおけるエクソンヴァルデス号の油流出事故と同じくらいの経費と労力を使ったとしても、長年にわたって影響の調査や研究を続けるのは難しい。流出事故のたびに考えさせられるのは、流出のおそろしさがわかるのは油が海岸におよんで、人びとが実際にそのひどさを目撃するときだけだということである。

　もし油が沿岸から遠く離れた沖合にだけとどまっていたら、事故は"波の下に隠される"可能性がある。被害はないとされ、調査はされないからだ。そのうえ、どんな流出でも、油はだんだんと視界に入らなくなる。最初、大部分は有毒ガスとして蒸発する。そして残った少量は自然に分解したり、タールボールを形づくったり、洗い流されたり、また、それを餌として利用できる微生物によって分解されたりする。しかし、その一方で、油はえらや細胞膜などに作用して、時間をかけて生きものを死なせてしまうし、また、沿岸や海底の堆積物に入って、何年にもわたって出てくる毒物汚染の原因となる。油の流出による被害の全範囲は全く知られていない。そして長い期間の影響もほとんど明らかにされていない。油の流出は生きものの衰退を導く慢性的な環境ストレスになっている。生態系は、油流出事故から回復しているようにみえても、実は傷ついているのだ。

　油流出事故は劇的だけれども、目立たない慢性的な油の漏出はもっと広い範囲での大きな被害をもたらしている。20世紀中に、何百万羽もの海鳥が海に流された油によって死んでいった。

3-e. 有毒金属と放射性核種による汚染

　水中にはいくつかの天然の有毒金属が含まれている。それらの濃度は大抵は害にはならないが、人間活動はしばしばそれらの量を問題になるほどに増やしてしまう。例えば採鉱などの工業やごみの焼却でしばしば問題にされている水銀やカドミウム、鉛、亜鉛、銅、クロム、すず、マンガンなどがそれである。ほかの原因による砒素とセレンが、ときには問題となる。いくつかの天然放射性核種、例えばカリウム、ルビジウム、トリウム、ウランなどの放射性同位体も採鉱場から排出されている。これらは汚染源の近辺に高濃度で蓄積するが、後述の人工放射性核種ほど心配ではない。(23)

　風で運ばれる土の粒子や火山の噴火や海水塩分の飛沫、森林火災、そして生物による分散などの自然現象によっても、有毒金属は海面に落下している。しかし、それらの量は、工場から排出されたり、車の排気ガス、石炭や木の燃焼、ごみ焼却場やごみ捨て場からの気化、スプレーを使った塗装などを通して大気中に入りこむ量に比べると少ない。水銀は揮発性が高いので、大気を通しての海への移入には特別な注意が必要である。水銀の毒化は、生体内でのメチル化によって高まることが確かめられている。

　総じて有毒金属は、ある濃度以下では触れても害にはならない。しかし、生体蓄積と生物濃縮によって、生体中の濃度はゆっくりと高まってゆく。また海底の堆積物にたまったものは堆積物としっかり結合するので、生体中にはほとんど取りこまれないと考えられているが、それを正確に判定することは難しい。いくつかの動物は海底の小さな生きものを食べるために堆積物を取りこんでいるし、海底沿いの水の流動によっても堆積物から溶け出す毒物の量は増えるはずである。

　高レベルの放射線量は死をもたらす可能性があり、低レベルでも長時間にわたって浴びると生殖や行動に影響することが疑われている。有毒金属の影響は種によって異なり、また個体によっても異なる。また金属の種類によっても違うし、生きものがどのようにそれを排除したり蓄積したり代謝によってほかのかたちに変えるかといったことによっても異なる。(24)

3-f. 合成有機化合物による汚染

　合成有機化合物は、工業製品としてつくられたり、その生産過程で副次的に生産されたりするさまざまな種類の炭素を含んだ化学物質である。現在までに8万種以上がつくられ、そのうちの約3000種が全生産量の90%を占めていると推定されている。そして毎年200〜1000種類もの新たな化学物質が市場に出ている。ひとつの大きなグループは石油からできる炭化水素群で、もうひとつは強い毒性を持つ有機ハロゲン群、主として有機塩素化合物である。[25]

　多くの有毒な洗剤や石油化学物質は、河川や沿岸水を汚染している。加えて、工業副産物として発生したり、化石燃料の燃焼で出たりする芳香族炭化水素（PAHs）は、沿岸域の堆積物に普通にみられる。PAHsは真の意味での合成化合物ではなく、森林火災の産物でもあるが、いまやその天然の発生量はいろいろな工業と火力発電所からの発生量に追い越された。それらは突然変異や発癌の原因物質になることが心配されている。

　汚染物質で最大の注意が払われてきたのは残留性有機汚染物質（POPs）で、そのほとんどが有機塩素化合物である。その中にはDDT、トキサフェン、アルドリン、ディルドリン、クロルデンなどの悪名高い殺虫剤や、工業で使われるポリ塩化ビフェニール群（PCBs）、塩素化学工業や、ごみ焼却場から発生するダイオキシンとフランなどが含まれる。これらの化学物質は残留性の高いものが多く、長距離を移動し、しばしばそれらが最初に入りこんだ環境とは遠く離れた海洋生態系でみつかっている。

　近年、多量のPOPsが北極圏の驚くべき広さの範囲で発見された。人類がつくった有害で最も忌まわしいこれらの汚染物質は、低緯度地方の陸上や大気から海面に落ち、揮発や濃縮を繰り返しながら海流によって極域の方向、特に北極に向かって運ばれていく。そして北極の海水や堆積物や食物連鎖を通して人間や海鳥や肉食獣に高い濃度で蓄積し、極域に住む人びとの健康に深刻な影響を与えている。寿命が長く、食物連鎖の最上位に位置するスジイルカの体内にも脂質と親和性の高い有機塩素化合物が海水中の100万〜1000万倍も蓄積していることが明らかにされた。これらは胎盤を通じて4〜9%が胎児に移行し、出産後も母乳を通じて70〜91%が仔に蓄積してしまう。[26]

POPsの数種は死亡、奇形や癌を含めた病気、生殖や行動の異常など、有毒物質が影響するすべての現象に関係している。いくつかの化合物は、少量でも体内に取りこんだ人間を含むすべての動物のホルモンのバランスを変え、さまざまな生殖系に障害を引きおこす可能性がある。これらの内分泌攪乱物質（環境ホルモン）の作用はエストロゲン（卵胞ホルモン）に似ていて、魚類や貝類で受精能力の減退や性転換がみられている。このように、今日の地球上の環境は大変な量の合成有機化合物によって脅かされているのだ。レイチェル・カーソン（L. Carson）の衝撃の書『沈黙の春』の続きともいえる『奪われし未来』で、コルボーンたち（T. Colborn *et al.*）は、そのことを暴露した。[27]

　海やほかの環境に入る有機塩素化合物の健康に対する影響や生体蓄積や残留性が問題になったので、今日では別のタイプの有機リン系やカルバミン酸塩系の殺虫剤が大量につくられている。これらやそのほかの分解しやすい合成化学物質の影響は、まだよく調べられていない。なぜなら、残留性が少なかったら生きものへの影響はほとんどないと評価されてしまうからだ。しかし、短期間だけでも高い毒性は現れるかもしれない。テキサス沿岸で発生したイルカの大量死という劇的な例は、カルバミン酸塩系の殺虫剤の流出に起因するものだった。これらの化学物質は素早く分解するけれども、分解したあとの作用についてはほとんどわかっていない。

　有毒汚染物質の作用や少量の濃縮でもみられる影響などから考えると、これらは個々の生きものばかりでなく、生態系や生物多様性にも大きな脅威を与えているに違いない。海に日常的に流れこんでいる無数の合成化学物質による複合汚染の影響は、推定の域にすぎないが、海水の健康を損ない、生態系全体を衰退させる一因になっているに違いないと著者は考えている。

3-g. 人工放射性核種による汚染

　核兵器のテストは、環境にさまざまな人工放射性核物質をまき散らした。海での人工放射性元素の拡散分布の最も大きな原因はそれである。しかし現在、これらの放出は国際的に制限されている。そのほかに、過去も現在も、兵器の生産や原子力プラントから出る放射性廃棄物や使用済み核燃料の再処理プラントからの廃棄物がある。ロシアのチェルノブイリ原子力発電所でおきた放射性核物質の大

量放出のような原子炉事故のおそれは、今日も続いている。1990年代の半ば以降、ロシアの海や川で大量の核廃棄物投棄が明るみに出た。これらの物質は食物連鎖に入り、海からの食べ物を常食としている北極圏ロシアの人びとの健康をひどく害した。海や川に放出された放射性核種のいくつかの物質は直ちに堆積物に付着するので発生源からは遠くには移動しないが、水中に長い間とどまったり、もっと遠くまで流れていくものもある。例えば、イギリスの再処理プラントから漏れ出した放射性核種は、グリーンランド周辺の海まで追跡されている。これらの汚染物質が海の動物に与える影響はよく調べられていない。また生物多様性への影響もまだ報告されていない。

4. 外来種の移入

さまざまな活動を通して人間はある種をほかの場所へ移したり、いくつかの種を犠牲にしてまでひとつの種の繁殖や成長を望んだりしている。しかし、これらの行為はしばしば災いをもたらし、莫大な費用と労力をもっても、元に戻せないことがある。新しい環境に持ちこまれた種は元からいた種の個体群を減らしたり、どこかに追いやったりするほどの勢いで増えるかもしれない。これが健全な生態系でおこることもあるが、新たな種が侵入先で大きく成功するチャンスは、侵入した場所の生態系が既に何らかのストレスを受けているか、またはもともといた種の個体数がいくらか失われているときに与えられやすい。化石の記録には、地史的時間のスケールでの話であるが、大災害や環境変化によって元の種が減少してしまった生態系に、新たな種の大量侵入がおこったことを示すものがいくつかある[28]。

科学者たちは、「人間が近年やっている海の生きものの持ち運びは取り返しのつかない結果を招いている」と警告している。これは世界中の港でバラスト水が排出されるようになったことに関係がある。船は積荷を下ろした後、船体を安定させるためにバラストタンクに海水を入れる。そしてほかの港へ行き、あるいは海を渡って、新しい積荷を載せる前にバラスト水を排出する。バラスト水には海水を入れた港から運ばれた無数の生きものが入っている。こうしてプランクトン

の微小藻類や底生生物の卵や幼生を主とする何千もの種が毎日新しい環境に排出されて死んだり、群集の小さな構成要素となったり、繁栄してそこに元からいた種を駆逐している。陸地や海を挟んで遠く離れた位置の河口域の植物や動物は地理的隔離のために同じ種でないことが多いが、2つの地域の温度や塩分や水の動態が似ているなら、そこは新たに侵入した種にとっても好ましい環境であるかもしれない。[29]

　外来種の侵入のために大変動がおこった例はたくさんある。黒海のクシクラゲ（*Mnemiopsis leidyi*）は、おそらく米国のチェサピーク湾からバラスト水とともに運ばれたと思われる。かれらは1988年頃から新天地で大発生をし、前から棲んでいた動物プランクトンを捕食してしまった。このため黒海の植食性動物プランクトンの生物量は90％も減少し、小型渦鞭毛藻類が増え、食物網が単純化するのにしたがって、生物多様性は低下した。また、ヨーロッパの河口からバラスト水とともに米国に持ちこまれたゼブラガイ（zebra mussel）は、1988年にはじめてミシガン湖で発見されてから、またたく間に五大湖全域からミシシッピー川流域に分布を拡大し、繁殖域を広げている。サンフランシスコ湾は、アジア産の固着性二枚貝やチチュウカイミドリガニを含め、外来種が新しい居住者になる可能性が特に高い水域である。東京湾でも多くの外来種が侵入して定着している。

　ここで注目したいことは、それらの環境が、以前から水質の変化や汚染や乱獲によって、強いストレスを受けていたことだ。サンフランシスコ湾の特徴はまた、そこにみられる生物群集が地史的にとても若いことである。そこは1862年に大洪水の影響を受け、淡水では生きられないいくつかの種が全滅した。ということは、その生態系ではまだニッチが埋まっていないのだろう。このような、空いているニッチの存在は外来種にとって好都合であり、その繁栄を許す結果になっている。[30]

　種はいつも分布を広げてほかの生態系に侵入しようとする。だから新たにできた火山島にもやがて生きものが棲むようになり、変化する環境は、新たな条件に適応しやすい種を補充して進化するのである。種の遷移は変化に適応する生態系の可能性を保持しながら、生きものを繁栄させ、複雑な生物群集を維持するための自然の過程である。しかしながら、元の生態系を変化させるような人為的な種の持ち運びは破壊的で、しばしば生物多様性をひどく脅かしてしまう。心ない釣り人によるオオクチバスの放流によって日本の多くの湖沼の生態系が壊滅的な被

害を受けているのはその例である。

　バラスト水ほど大量ではないけれど、ほかに外来種が運びこまれる原因は養殖である。特定の水産生物を育てて収穫するために、意図的に沿岸の入江に放たれた種が新しい環境で繁殖している。例えば日本から移植されたマガキは、いまでは米国西海岸の自然の中で育っている。囲いの中で育てられている養殖動物が逃げ出すことも時々ある。カナダのブリティッシュコロンビア州などで養殖されているサーモントラウトはニジマスとスチールヘッドのかけあわせ品種だが、これまでに100万尾以上が海に逃げたといわれている。チリやタスマニア沿岸では太平洋に分布しないアトランテックサーモン（*Salmo salar*）が養殖されているし、中国でさかんに養殖されているメキシコ産のクルマエビの仲間（*Litopenaeus vannamei*）も西太平洋にはいない種である。養殖種と一緒にほかの種も偶然に移入されることがある。養殖場に運ばれる卵や種苗の入った海水に含まれていたプランクトンや、養殖種と一緒につめられた海藻や養殖貝の殻の上で育った種や寄生動物や養殖種の病原体も問題をおこす可能性をはらんでいる。

　このように、いまでは莫大な数量の種が、人間活動によって地球を動き回っている。しかし環境問題の政策担当者には外来種の取り扱いについての明確な考えがないので、対策はその場かぎりで根本的な問題の解決にはなっていない。関係する省庁は生物多様性という用語を話題にしても、その保全のために統一した見解を持とうとはしない。その結果、病原菌の侵入が騒がれないかぎり、観賞用やペットとして経済的利益をもたらす種には輸入を許可し、災いが明らかになった種だけを外来種として駆除をしようとすることになる。大抵の場合、それではもう遅すぎるのだ。バラスト水の放出による種の侵入を防ぐための方法は試みられているが、実施までの歩みがとても遅く、また港の活動を制限させる試みも経済的理由からほとんどされていない。

5. 外洋と深海への人間活動の影響

　かなり長い間、外洋と深海には、人間活動の影響がおよばないように思われてきたが、実はそうではなかった。それらの環境は、沿岸よりもよい状態だが、漁

業や汚染や世界的な気候の変動は既に生態系の変化に働きつつあり、現在、調査検討中の深海底への産業廃棄物の投棄や、鉱物資源とエネルギー資源の採鉱が商業ベースに乗るようになったときには本当の脅威になりそうである。

　いくつかの化学汚染物質が外洋の表層や深海でみつかっている。例えば、PCBや水銀は、外洋の表層で沿岸域と同じくらい高い濃度で検出されている。大気を汚染するスプレーの噴射剤や冷媒に使われているクロロフルオロメタンは、都市から大気に運ばれて北極海の表層から深海へと沈降し、海底に沿って南方へ移動して、ほんの数年間でカリブ海に到達した。英国の再処理プラントから漏れ出した放射性核種がグリーンランド沖まで追跡されたことについては先に述べた。科学者にとって、放射性核種のような比較的追跡しやすい物質は、海水の動きを調べるための便利なマーカーとなるかもしれないが、生きものへの影響は憂慮される。種の多様性が高い深海底には、個体群密度が低い種が多い。物理・化学的に比較的安定した環境に棲む深海生物への本当の脅威は、有毒な汚染物質の混入を含む急激な環境変化である。[31]

　これまで、し尿や軍需品や核廃棄物、使用済みのプラットフォームなどの海上施設、浚渫泥などが沿岸域に大量に投棄されてきた。深海への海洋投棄は、沿岸域でのこれらの投棄が環境を荒廃させることがわかったときに発議された。深海平原は、汚染のおそれのある廃棄物や低レベルの放射性汚染物質を受けいれるための場所として適していると論じる科学者もいる。「生物の日周鉛直移動を通しての物質の運搬はほとんど下向きに働いている。それに、深海平原は生物が少なく静止した環境であり、したがって汚染物質は投下地点からほとんど動くことがなく、そこより上の生態系にインパクトを与えるおそれは少ない」というのが理由だが、しかし、このような主張にあまり説得力がないことは、これまでの多くの研究者による深海生物の研究によって論証されている。それがあまり言葉にされていない理由は、私たちが深海をみることがきわめて少ないために、問題を直視することがなかったからである。

　深海底でのマグネシウムのような鉱物の採鉱は長い間考えられてきたし、太平洋でのマンガン団塊やコバルトリッチクラストについても採鉱事業の可能性が検討されている。さらに、エネルギー関係者の関心はメタンハイドレートにも向けられている。米国北東沿岸部のメタンハイドレートの埋蔵量は、米国で年間消費

されている天然ガスの300倍以上もあり、地球全体のメタンハイドレートを炭素量に換算すると、陸上に埋蔵されているすべての石炭・石油・天然ガスの2倍になると見積もられている。深海底での採鉱はまだ採算の合うものではないが、もし採鉱が始まったら、深海底はずたずたに引き裂かれ、生物群集の棲み場は広範囲にわたって破壊されるだろう。

近年、話題になっている二酸化炭素の深海貯留と中・深層への希釈放流の場合は、現在の技術水準からすればどちらも実行可能の段階にきている。これらの方法で大気中の二酸化炭素が削減されれば地球温暖化の進行は一時的にくい止められるかもしれない。しかし、深海貯留は海底のくぼみに液化または固形化した二酸化炭素をためるものであるから、貯留場所とその周辺の底生生物群集に致命的な影響を与えることは避けられない。一方、中・深層へ放出した場合は、その希釈の程度にもよるが、広域にわたる海水の酸性化によるプランクトンの死亡率の増加や二酸化炭素自体による生理的影響が懸念される。

一般の多くの人びとは海底が砂漠のようであるというイメージをまだ捨てていないようだが、自ら潜水艇を操縦した経験を持つバンドーバー(C.L. Van Dover)は、その著書『深海の楽園』の中で次のように語っている。「本棚にあった本には、深海は広大で変化のない荒地であり、生命がほとんど存在しない砂漠であると書かれていたが、私は深海底に到達してそれが真実でないことを知った。」

6. 地球温暖化とオゾンホール

人間はもう取り消しのできない、しかも結果についての予測がつかない、地球温暖化という巨大な実験を始めてしまった。

地球温暖化は疑いもなく二酸化炭素やメタンそのほかの温室効果ガスが蓄積した結果によるものである。産業革命の頃まで、大気中の二酸化炭素濃度は280ppmvぐらい(1ppmvは体積比で100万分の1)で安定していた。しかしそれ以後年々上昇し、特に1953年頃以降は年間1.5ppmv程度の速度で増加して、2000年には365ppmvを超えた。今世紀末には500ppmvぐらいになるだろうと推定されている。大気中の二酸化炭素の量が増えたとしてもその量に見あった気温の上昇が直

ちにおこる訳ではない。気温が上昇するのは、温室効果ガスの増加より20〜30年遅れる見こみである。また、いったん大気中に放出された二酸化炭素は、50〜200年は大気の中に存在し続けると考えられている。

　大気中に増えた二酸化炭素が海の表層に溶けこむことによって、海水のpH（水素イオン指数）は現在の約8.1から100年後には7.8程度に低下し、酸性化が進むと予想されている。それによって炭酸カルシウムの殻を持つ植物プランクトンで世界中の海に広く分布する円石藻類や動物プランクトンの翼足類やサンゴは、殻をつくる能力が低下したり、殻が溶けてしまって最悪の場合は絶滅してしまうことが心配されている。[36]

　温暖化による地球表面の温度変化の大きさは、長い地球の歴史からみればそれほど異常なものではなく、かつて現在よりもっと温暖になった時代があった。問題はこれまで自然におこった変化に比べて100倍程度といわれる変化の速さである。これまでの自然の温度変化に反応して進化してきた種が、現在おこりつつある経験したことのない変化の速さについていけるかどうかが問題なのだ。

　大気の温暖化は北半球の高緯度地域で最大になると予想されているが、海の生態系への影響は既に低緯度でも同じようにおこっている。1℃か2℃の温度上昇が造礁サンゴ群集に劇的な影響を与えているし、海水の熱的膨張や、北極のツンドラや氷冠から溶け出す水による海水面の上昇といったほかの影響もあるだろう。おこりそうな影響の中でも心配なのは、海表面の上昇に耐えられないさんご礁や塩生湿地、そしてマングローブ林である。多くのサンゴ種が既に好ましい温度の上限近くで生きている。1997年から1998年にかけて地球規模の水温の異常上昇があって、世界各地のさんご礁でサンゴが白化した。最も被害の大きかったインド洋のモルジブやスリランカでは95％近くが白化した後に死んだ。沖縄やパラオでも50〜70％のサンゴが影響を受けた。白化現象は2000年にもカリブ海から、2006年にはグレートバリアリーフから報告されている。[37]

　氷河やツンドラが溶けて少なくなることの影響も重要である。それはおそらく海水の塩分濃度を下げ、栄養分と浮遊物を増やすだろう。多くの生きものの分布は種の隔離や分散にかかわっている海流の循環パターンが地球規模で変化すれば変わってしまう。海水の密度は水温と塩分と圧力によって決まるが、現在の循環パターンは表層を水平移動した密度の低い海水が次第に冷やされ、やがてグリー

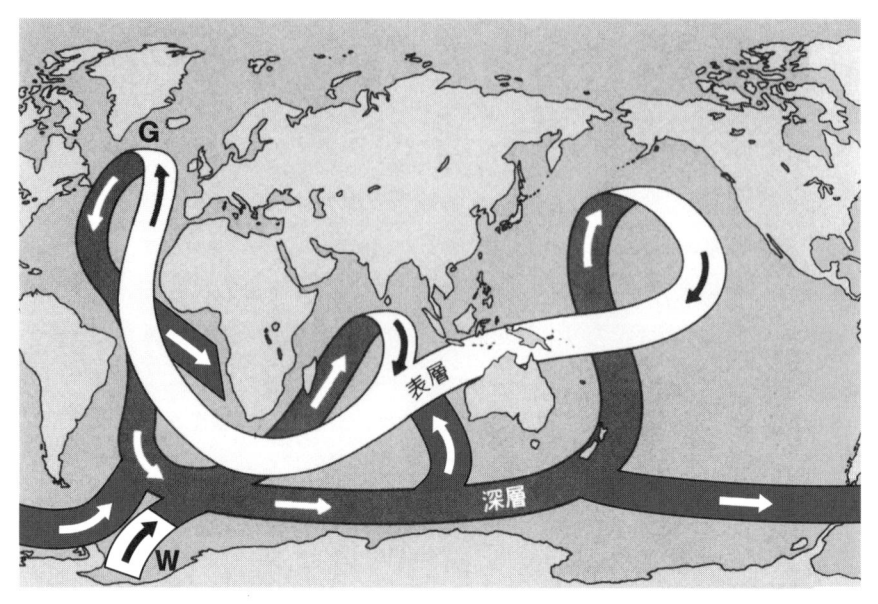

図12　海のコンベアー
地球の海には風によってつくられる表層の海流と密度の違いによって生じる深層流の2種類の海流がある。この2つの流れは密接に結びついて1000～2000年という長い年月をかけて循環している。Broecker（1991）は地球の海流の大循環を単純化して海のコンベアーとよんで図に表した。G：グリーンランド沖、W：ウエッデル海（Broecker 1991とBroecker and Peng 1982から改図）

ンランド沖や南極のウエッデル海で氷ができるときに海水中の塩分が絞り出されるために密度が高まり、深層に沈んで移動する。そして1000～2000年かかってインド洋から太平洋を北上し、最終的に、湧昇によって豊富な栄養塩類を含んだ底層の水をさまざまな場所で表層に押し上げるものである。モデルによると、グリーンランド沖の海水温が今よりも上昇すれば、海水の沈降は弱くなる。そして気温と水温を調節し、炭素や窒素やそのほかの栄養分の循環に大切な役割を果たしている"大循環のコンベアー"がうまく機能しなくなるおそれがある。これと関係するかどうかは明らかでないが、近年、海面温度を下げる作用を持つ季節的な湧昇流の発生頻度が低下し、ある海域では数年間発生していない。もし湧昇がなくなれば熱帯域の水温は現在よりももっと上昇し、陸上の気温も上昇するから、生きものにとっては棲みにくい環境になってしまう。(38)（**図12**）

　年間平均で0.5センチメートル程度と推定されている海水面の上昇によって、

やがては塩水の侵入が増加し、塩生湿地や低地の農業地帯の生態系は台無しになるだろう。また、太平洋島嶼のマングローブ林は多くの場所で中等潮位からわずか50センチメートル程度の高さの範囲に生育しているにすぎないから、その立地のほとんどが今世紀中に中等潮位以下になってしまえば水没する。また、標高が2～3メートルしかないマーシャル諸島やツバル諸島のような環礁にあるさんご洲島も、予想されている海面上昇速度の大きい方の値をとると、島の大部分が水没するだろう。しかもさんご礁が上方に成長できるのはサンゴ群集が健全であってこそである。温暖化によってサンゴが白化して弱ってしまっては礁の成長は期待できない。一方、北極域では地球温暖化によってパックアイスの面積が年々小さくなり、その上でアザラシを捕食しているホッキョクグマの子育てに影響が出はじめていることが報じられている。

海水の温度上昇が漁業生物の生産量の減少を招くという証拠は増えており、少なくともいくつかの地域でみられている。カリフォルニア海流域での1950～1993年にわたる長い間のプランクトン資料の分析で、1980年まで続いた暖かい時期に動物プランクトンの生産量が減少したことが明らかにされた。栄養塩類の濃度が低下することによっておきる生産量の減少は、南からの暖まった海水の北上と関係があると思われる。[39]

揮発性化合物質、特に冷蔵庫や洗剤やスプレーに使われるフロンガス（CFCs）は、大気中の上部に今も蓄積してオゾン層を破壊し、そこを透過する紫外線によって海の表面近くに棲む生きものを脅かしている。最も具合の悪い波長である紫外線Bが、オゾンの減少で以前より大気中を貫通するようになった。春の間、南極上空のオゾンホールは大きくなり、海面にみられる莫大な数の卵と胚と幼稚仔は、増大した紫外線Bの照射にさらされている。この生理的に最もかよわい時期にそれらの動物が受ける害はおそらく食物連鎖を通してより大きな動物に影響するだろう。海面に分布している植物プランクトンが紫外線Bの照射から受ける害は実験で確かめられており、南極海では、増大した紫外線Bのためにその生産量が12％も減少した。ナンキョクオキアミの個体群密度の低下も報告されている。その原因ははっきりしないけれど、オゾンホールと紫外線B照射量の増大の結果かもしれない。北極海の生態系は、北極域のオゾンホールが増大すれば、やはり同じメカニズムによって傷つきやすくなるだろう。[40]

1998年8月中旬
白化前

8月下旬
白化中

10月下旬
白化後

図13 サンゴの白化（沖縄県石垣島浦底湾）［橋本和正氏撮影］

第6章
生物多様性と生態系の保全

シーラカンス
（コモロ諸島、1954）

科学は、海洋生態系や生物群集について記述し、それらの機能や脆弱さについて明らかにしている。またそれらが人間活動に対してどのように応答するのかも測定している。こうした研究成果は比較的よくあがっているといえよう。情報は質、量ともに不断の進歩を遂げているし、どのような情報が欠けており、どこに不確実性が存在するのかといったことについても理解が進んでいるからである。

　そこで、私たちは、科学に対して、近未来の生態系が人間活動にどのように反応し、これからどんなことがおきるのかを問いかけようとするのだが、これにはあまり成功していない。予測は非常に大きな不確実性や偏りをともなっていることが多いから、科学者は根拠が十分でない予測を語ることを潔しとしない。もしかしたらとても悪いことがおきそうでも、行政も市民もそうならないための積極的な行動をためらってしまうし、産業界は一部の研究者を取りこんで、影響が科学的に証明されないという主張を宣伝しながら政治家や官僚を動かし、問題を先送りしてしまう。温暖化ガスを世界で最も多く排出しているにもかかわらず、国内経済に打撃が大きいからという理由で京都議定書を認めない米国や中国の身勝手さや、「オゾン層を破壊する物質に関するモントリオール議定書」の採択の後も、産業育成を優先して代替フロンガスの規制にもうひとつ積極的にならない日本政府の対応はその典型である。

　人間活動によって海には既に多くの変化がおこっているのに、それらは見逃されたり無視されたりしている。海洋生態系の環境影響予測には特別な困難さがあるということは、1984年、国際自然保護連合（IUCN）のサルムとクラーク（R.V.Salm and J.R.Clark）が語った次の言葉によく表されている。「海の保全を望むものにとって、一般の人びとが海で何がおこっているのかを簡単に知ることができないというのは、実に困ったことである。多くの人びとにとって、海はいつまでもミステリアスな沈黙の世界のままなのだ。陸上でなら、私たちは、人間の活動がどんな影響をおよぼすのかをみることができるから、保全のための行動が必要なのだということを常に忘れずにいられる。しかし、海については、ただその表面をみることができるだけである。海面下の生きものについては水の中に住めない私たちが無頓着だからというだけでなく、調査しにくいこともまた、海洋生態系の保全にとっては大きな障害になっている[1]。」

　科学は海の生態系についても多くの知見を得てきたし、環境の保全が大切だと

いう響きは市民の間にも広がりはじめてはいるが、私たちがそれについて学べば学ぶほど、まだ知らないことの多さを知るのも事実である。

　第5章では、生物多様性を悪化させたり生態系を破壊したりしている人間活動の脅威についての科学的情報を説明した。本章では、海の生物多様性を保全するのにこれまで行われてきたことやまだなされていないこと、そして、海洋環境の特性がもたらす特別な困難さや、また、人間活動に対する生態系の応答を予測し、対処するために何が必要なのかといったことについて述べることにしたい。自然科学、政治、法制度、経済学、社会学、教育、そして倫理学を統合して、海の生物多様性を護る最強のとりでを築くことはまだ緒についたばかりではあっても、その必要性は確かなのである。

　これまで陸上生物については、生物多様性を護るためのモデルがいくつもつくられてきた。陸上は環境を測定したり種の損失を調査するのが、海に比べればはるかにやさしいからである。しかし、2つの環境は大いに違っており、陸上で開発された保全技術を海に移しても、それが果たして効果があるかどうかは疑問である。例えば、危機的な状況にある個々の種を取り上げれば人びとの保全への関心は集まりやすいが、この方法は、海では限定的な効果しかない。どうも困った状況にあるらしいと問題視されていて、なおかつモニタリングが可能な種はごく限られているからだ。陸上の種は人間にとってより親しみやすく、分布や状況もわかりやすい。一方、海の生きものの状況というのは、ほとんどの場合、未知である。けれども、ある種が生態的な重要さを失ってしまうほど減少してからやっと保護を始めるというのは賢明ではない。海の生物多様性を人間活動による負の影響から保護するための方法は、生態系独自の特性と、私たちが海とどのようにかかわりあうかという文脈のうちで編み出されなければならない。

1. 海洋環境と生態系の特性および保全対策

　海洋環境の特性の中には、生物多様性の保護のための方針を暗示するものがいくつもある。それらの特性をあげてみよう。

(1) 水は普遍的な溶媒である。

水が非常に多くの物質を溶かしこむことができるという事実は、海水中の多くの汚染物質がそこに棲む生きものの生化学的活性に直ちに作用するということを意味している。汚染物質は低濃度であっても影響を与える場合があり、汚染物質の水中への蓄積を計測しても、生きものがそれにどのくらい曝されているかを総合的に評価することにはならない。なぜなら汚染物質は拡散や水の循環によって変化しながら常に移動し、連続的に生体内へ取りこまれているからだ。生物多様性をこうした汚染物質の影響から護るためには、発生源での排出を制御したり厳しく規制したりしなければならない。最も浅い海底に堆積したものを除けば、汚染物質の回収は陸上のように簡単にはできない。

(2) 溶存汚染物質は極表層と海底の底質に集中する傾向がある。

　汚染物質の濃度は海面と海底で最も高くなる。したがって生物多様性に影響する食物網やそのほかの環境汚染の源となるのは主に海面と海底であって、それらの中間にある海水ではない。このことは、汚染の評価をどこでするかについて第一に考えねばならないことである。

(3) 海は複雑な循環パターンを持つ流体である。

　海水が移動する結果、溶存態と懸濁態の汚染物質は発生源から長距離を運搬される。汚染物質は水中では活性を保っているため、移動にともなってその道すじにいる生きものすべてに影響を与えるおそれがある。したがって、水質基準は、拡散がより限定的であるような閉鎖域の生きものに対しては機能しても、外洋の生物保護には役立ちにくい。このことはまた、海では汚染物質の蓄積に関する規制はあまり効果がなく、汚染の発生源に的を絞った規制が必要であるということを意味する。したがって効果的な汚染防止のためにはしばしば国際的な合意と協力が必要となるのである。

(4) 海には終生プランクトン生活をするものや、幼生の間だけプランクトンであるものがきわめて多い。

　プランクトンは海の流れに沿って漂うため、ひとつの場所にとどまることはないし、一生を通じてひとつの生態系にとどまることがないものもいる。このために、ある水域の種を保護するためには、保護域は非常に広大でなければならず、その範囲は政治や行政にもとづく境界ではなく流れのパターンによって決定されなければならない。また、その種の重要な幼生供給源を確保しなければならない。

残念ながら、現行の最上の対策であっても、こうした保護策はまだまだ不完全である。

(5) 種の同定は難しい。

　形態がきわめて似ている姉妹種が相次いで発見されている。現在の分類学は多くの種を絶対的な確実性をもって評価するという段階にはまだ至っていない。1990年代半ば以後の、殊に分子生物学的技術の進歩によってもたらされた多くの新しい知見によって、種同定の不確かさや間違いが、あるいは系群の存在が、海の生物資源の管理に大きな影響をもたらす可能性が示された。大西洋のニシンには21以上の系群があり、それぞれが異なった生活史と分布域と個体群密度を維持しているらしい。種や系群が正確に分類されていない場合は、希少種や絶滅危惧種を特定したりすることは難しい。[(2)]

(6) 海では種と同様、個体群も多様性の重要な単位であるらしい。

　単に絶滅の危惧性の高い種の単一の個体群を保護するだけでは、その種の長期的な生存のために必要となる遺伝的多様性を保護するには不適切である。また、明らかに絶滅危惧性の高い個体群は、もし、その種全体としては絶滅危惧性が低くても保護されなくてはならない。こうした保護戦略は、例えば、川ごとに分かれた太平洋のサケ科魚類の個体群の保護にみることができる。

(7) 食物網は陸域より海域の方がより複雑である。

　多くの海の動物は幼生（幼体）から成体までの体の大きさと運動力が大きく変わり、発育の段階ごとに餌や摂餌方法も変わって、異なる栄養段階で生活する。また、海では寄生や共生関係以外には種と種とが太い線で結ばれる関係は少ない。例えば、食う－食われるの関係をみれば、捕食者は特定の種のみを餌にすることはなく、餌生物の中から一番たくさんいて捕まえやすい種を、大きい方から順に餌にしている。普段最もよく食べる種がいなくなれば代わりの餌を利用し、普段は植食性と思われている種が、ある時期には動物も食べる例は少なくない。また、ある種を除去したり個体数を減じたりすると、その種の生活史のさまざまな段階のすべてで、その種を食べたりその種に食べられたりしているすべての種、さらにはその種の死んだ後に遺骸を食べるすべての種にも影響がおよび、影響はどんどん波及してゆく。こうした複雑性が、さまざまな人間活動が海の生物多様性にどのような影響をもたらすのかを予測するうえでの難しさになっている。

(8) 多くの海洋生物は再生産量の変動が大きい。

　海の多くの生きものにみられる、小さい卵を多数産んで拡散させるという生殖戦略は環境変化に容易に影響されやすく、個体群密度の著しい変動につながりがちである。個体数が減少しても、それが人為的な要因によるものか自然の要因によるものかを区別することはきわめて難しい。このことは、こうした種の保存のための方法や規制は自然の再生産量を控え目に見積もって策定し、用心深く運用しなければならないことを意味している。

(9) 多くの海洋生物は寿命が短い。

　このことも個体数の大規模な変動を引きおこし、人間活動と関連して、赤潮のような微小藻類の異常発生をおこしたりすることにつながる。

(10) 海の生物群集の分布は時空間で大きく変化する。

　海流の変化や乱流のパターンは、回遊をする種だけでなく、プランクトン群集の季節的な分布を決定したり、地域的な個体群や生物群集に変化をもたらしたりする。漂泳生物はまた、群れをつくる性質を持つものが多く、限られた空間の中でもその分布は一様ではない。一方、移動することがあまりない底生生物は、種の維持繁殖をほかの水域からの幼生の加入に依存している場合がある。こうしたことも、生物資源の賢明な利用と管理を難しくしている。

(11) 生物多様性に影響をおよぼす過程は、性質の違ったいくつかの膨大な空間スケールで動いている。

　種々の環境要因がおよぼす影響は、数メートルから数千キロメートルにわたる範囲で感じ取れることだろう。生きものの移動にはほかの個体群との相互作用でおきる短いものもあれば、季節的な摂餌活動や再生産活動に関係する長距離の回遊、それに水の流れによる長距離の移送までさまざまである。例えば、ウミガメの成体は外洋で生活しているが、浜辺に来て卵を生む。ウナギの成体は川や河口域にいるが、産卵のために外洋へ移動する。同様に汚染物質も、残留性のある有機塩素化合物のようにゆっくりと非常に長い距離を移動するものがあるし、また、発生源の近くの海底の堆積物に取りこまれ、長期間にわたって少しずつ溶け出すものもあるだろう。人間活動の影響は長い距離と時間を経た後に現れることがある。

(12) 生態系の研究やモニタリングは難しい。

人間活動の影響は、生態系の完全さが損なわれてしまったり、また修復ができるかどうかわからないという状況になるまで、なかなか気づかれないものである。ときには早期に警告のサインが出ることもあるが、それらを見落としてしまうのも簡単である。モニタリングのためにどんな指標生物を選ぶかは最も重要なことであるが、対策を立てる前に多くの調査や状況評価をしなければならないために、結果が出たときには遅すぎたということになってしまうかもしれない。このジレンマが、海を利用しようとする者と生物多様性を保全しようとする者との間でしばしば論争の種になっている。

2. 海の生物多様性保護のためのアプローチ

　以上を踏まえれば、効果的な海の生態系保護計画を策定することはとても難しいということになる。しかし、もし影響の予測ができないのなら、どう保護できるというのだろう。結局のところ、私たちがとりうる唯一の手段は、人間活動を規制し、環境改変を最小限にしつつ、ごく鋭敏でないと気づかないような警鐘を感じ取ることであり、さらに重要なことは私たちひとりひとりが地球生態系における自分自身の活動と役割について責任を負うことであろう。

　こうした倫理がいきわたるまでに、私たちは海のいのちを護り、生態系を保護しようとするいくつもの試みを行ってきた。しかし、これらはごく限られた成功をおさめただけである。法規制や運用方法や国際的な合意形成などによって、私たちは環境を損なってきた人間活動を制限したり、既におきてしまった損傷を修復したりしようとしてきた。しかし、やろうと思えば、もっとより確かな成功が期待できる、より先見的な方法が可能だったはずである。

　こうしたアプローチには、次のようなものがある。希少種や絶滅危惧種の確定と保護、人間活動を制限する保護域の策定、陸域と海域の双方を含む統合沿岸域管理、明確な資源管理と漁場保全にもとづく漁業規制、汚染の規制と防止、生態系とそこでの人間活動の影響を評価するための環境モニタリングや調査、環境に負の影響を与える産業活動を減らすための経済的インセンティブ、そして、損傷を受けた生態系の修復などである。

2-a. 種の保護

　生物多様性保全のためのアプローチとして最も一般的なもののひとつは、絶滅が危惧される種や希少な種を確定し、さまざまな保護策をとることであろう。このアプローチは、陸域で始まったもので、少なくともより明らかに危ないとわかるような種については多くを絶滅から救ってきたし、それらの生存のために良好な環境条件を整えることで、ほかの多くの普通にみられる生きものの生存が確保された。海でも同様な方法で哺乳類を絶滅から救ってきたし、ある種の魚類やサンゴといった鯨類以外の種も保護すべきリストにあげられている。

　鯨については、多数の国が捕鯨をやめ、ノルウェー、日本、アイスランドなどの反対はあるが規制を了承させることができた。にもかかわらず、大型のひげ鯨類のほとんどは以前の個体数には回復していない。セミクジラなどについては保護は遅すぎたし、遺伝的に異なる個体群の絶滅は避けられない状況にある。

　絶滅危惧種の保護を通じて海の生物多様性全体の保全をはかることには、深刻な問題がいくつかある。ひとつは、絶滅のおそれのありながら、まだ同定さえもされていない種がかなりありそうだということである。未知の種については状況もわからないし、既知の種であっても全体の分布と個体群の状況を知るのは非常に困難である。棲み場の保全についても同様である。公海での保護の強化はさらに難しい。実際、多くの絶滅危惧種が漁業活動によって"偶然に"捕殺されている。普通、こうした偶然の捕殺には、これくらいなら仕方がないという数値があろうが、限界を設けることはほとんど不可能に近い。

　もうひとつの問題は、これらの絶滅危惧種が生態系の中で果たしている役割についてである。いったん絶滅のおそれが生じるまでに個体数を減らしてしまうと、その種は、今まで占めていたニッチをほかの種に明け渡して、それが生態系の中で重要でなくなってしまっていることが多い。だから、あとで保護しようとしても、かつての地位にかれらを再び戻してやれるかどうかはしばしば疑問になる。生物群集の構造が変わってしまってから絶滅危惧種のみを保護しようとするのは、そうでもしなければ永久に失われてしまう遺伝的情報を残しておこうという最後のあがきにすぎない。種の保護は、既にこの段階に達してしまった場合には欠かせないものであっても、陸上と海の生態系を維持するという目的には適当ではな

い。

　同様の理由で、生きた遺伝子の貯蔵庫である動物園や水族館も、市民の教育啓蒙や娯楽の場としての役割を別にすれば、遺伝的材料を護ろうとする最後の努力の場として重要というだけである。おそらくは、人間自身の罪深い思いを少々減じるくらいの役にしか立たないであろう。民間の水族館の多くは、まだショー的な催しで集客効果を高めねばならず、ジーンバンク（gene bank）としての種の保存には動物園ほどの機能を発揮していない。特に海洋哺乳類についてはそうである。動物園は、野生の状態ではもうたやすくみられない種について市民を教育するには役立っているし、水族館は水中の生きものの不思議を解説することで、人びとの海への興味を高めている。しかしながら、その結果、人びとが自然の棲み場を保護し、そうした生きものを健全に育てたいと思うようになったかどうかは疑問である。米国の環境保護団体SeaWebによるアンケート調査では、多くの米国人が海洋環境に関する最も信頼しうる情報源は地元の水族館だと思っているという結果が出たが、日本ではどうだろうか。

2-b. 海洋保護区

　ある区域の生物群集と生物多様性を保全するために海洋保護区（MPA）が設定されている。これには海洋公園、リザーヴ、サンクチュアリ、禁漁区、日本の「海中公園」などのさまざまな呼び名の保護区が含まれる。保護区の中には科学調査を含め、採捕がまったく禁じられるノーテイクゾーン（no-take zone）から、漁業や船舶航行など特定の活動だけを規制する海洋公園や、特定の貴重な種が生息していたり生物多様性がきわだって高かったりする区域を保護するためのサンクチュアリがある。しかし、法的規制や管理の枠組みは国や場所によって異なっている。規制や枠組みは、生物多様性の脅威にどんなものがみられるのか、そして市民が何を支持し、あるいは我慢するかといった社会的な合意形成に依存しているから、利害をともなう基準づくりでは互いに衝突することがある。

　さんご礁は最も管理しやすく効果的なMPAになるだろうと思われる。さんご礁は海に沈んだ小さな陸地のようなものであり、生物群集は比較的定住性が強く、生まれ育った礁から離れることはめったにない。しかしながら、魚類や岩礁性の底生生物は、潮流のパターンの中でみれば上流と下流で互いに補完しあっている

ので、保護するさんご礁の面積は広ければ広いほど望ましい効果が得られるだろう。サンゴ自体が卵や幼生を下流に供給するので、上流のさんご礁を保護すれば保護されていない下流のさんご礁も恩恵を受けることになる。

　特定のさんご礁域をMPAにして徹底した保護をすることは国際的にも提言されている。手遅れになる前に各地に十分な広さを持ったMPAができ、日銭稼ぎの臨海開発工事よりさんご礁の保全が優先して考えられるような日がくることを信じたいものである。健全なさんご礁が維持されたら、ほかの生きものも回復する。

　複合的な利用が認められているMPAでは、漁業などが行われることもあろう。その場合の課題は、資源の利用を持続可能なレベルに確実に制限するということである。海洋公園のような場所でも、保護が目的なら、ダイバーなどの観光客の影響は最小限に抑えなくてはならない。複合的な利用が認められているMPAというのは、しばしば、沿岸域の効果的で統合的で、そのうえ順応的な管理計画を打ち立てるための先兵とみなされる。そうした管理計画は確かに有効なモデルになろうが、今は、もう、モデルの段階から一歩を踏み出して、統合沿岸域管理を進めるべきときである。

　MPAの設定で難しいのは、それが周辺の海域の生物多様性の維持や修復にも役立つとして計画された場合の効果の科学的な実証である。理論上はいろいろな推定ができても、実証しにくいことがMPAの設定や拡大の足かせになっている。また、無人の水域をMPAにすることは政策的にも比較的容易だが、住民がいたり漁業活動がさかんだったりする沿岸では難しい。東南アジアや日本ではどのようなかたちの効果的なMPAが設定できるだろうか。これは私たちに課せられた深慮すべき研究課題である。

　普通、複合的な利用が認められているMPAは広いほうが好ましいが、監視は難しくなる。広大な海域を動力船で頻繁にパトロールすることは費用がかかるし、実際、隠れるところの多い場所や遠隔地では不可能である。だから、MPAは地元の人びととの全面的な合意と参加がなければ長続きしない。それゆえ住民への経済的な補償と啓蒙活動とが重要な部分を占めることになる。成功の鍵は"住民から信頼される"行政担当者と科学者と地元のリーダーの存在である。NPOの草の根活動の役割も重要だ。もし効果的な教育啓蒙とある程度の補償ができれば、

人びとは、制限に従う理由を十分に理解できるだろう(3)。

　禁漁区の設定は海ではまだきわめて少ないが、先住民や地域の伝統的な共同社会制度のもとでは禁漁区によって有用魚種の産卵場所や避難場所が保護されていた例がある。そこでは漁獲対象種が数を増し、個体はより大きく成長していた。こうしたことが周辺海域の漁業にも役立つと期待されて、例えばカリフォルニア州のチャネル諸島国立海洋サンクチュアリでは区域の中に魚類の避難場所を設けて周辺の生態系を保護し、全体の漁業資源量を増やそうという提案がなされている。

　MPAを設定するという考えは保全活動をする人びとの間ではよく話されるが、その方法は必ずしも万全とはいえない。なぜなら、多くの場合、MPAは海岸線からの距離や境界や海底地形によって線引きされていて、流れのパターンによって定義されることなどは非常に稀だからである。けれども、海水の循環は、浮魚の群集にとっては最も重要なことだし、同様に、底生生物群集にとっても種族の維持には決定的な要素である。

　MPAが海流のパターンに従って設定されても、また、規制がよく考えられたものであっても、はるか彼方から運ばれてくる汚染をどうするかという問題は残るし、幼生供給源が保護されていなかったり移動経路が損なわれたりしていた場合は生物群集の補充や加入がうまくいかないことがある。実際、沿岸環境がその物理的、生物的特性を改変されたり分断されたりすれば、幼生の拡散はひどく損なわれるだろう。漂流したり回遊したりする海の生きものの目的地や経路を予測することは、陸上の動物の移動を予測することよりはるかに難しい。MPAの設定は、何が実際にできるのかをまず考え、海岸線の管理や漁業や汚染に関する広範な規制といったより大きな文脈の中で推進されるべきものである。孤立したMPAをぽつんとつくるだけで生物多様性を護るのには十分だとか、あるいはかなりの程度まで有効だというような考え方は誤りである。

2-c. 統合沿岸域管理

　科学者の中には、将来、人間が地球の全体的な環境管理を行えるようになるだろうし、それを目指すべきだと考える者が出てきた。これはコマンド・アンド・コントロール（command-and-control）とよばれるもので、まずは陸上の景観に

ついて、さらには海のそれについて総括し、そこでどんな種を何の目的でどのぐらい育生すべきかを決定するのだという意味を含んでいる。絶滅する種と保存されるべき種も人間が決めてしまう、即ち、生態系は、海でさえもが農業や園芸のように管理できるだろう、というものである。これはとんでもない間違った考えで、生態系は人間がつくったり自由に変えたりできるものではないから、私たちはもっと謙虚にならねばならない。しかしながら、人間の生活があるかぎり、沿岸域ではある程度の人為的な環境管理は必要である。

　世界中の沿岸域は人口爆発の集中的な圧力下にある。急速な都市化、住宅地やレクリエーション用地のための開発、そして内陸のさまざまな活動は沿岸生態系に大きな影響をおよぼしている。ささやかな規制や管理手法が効果的でないのは明らかだろう。内陸の集約的な農業は地下水も地表水も汚染し、河川が汚染物質を河口域に運んで沿岸域が汚染される。大気や海の流れが汚染物質を外洋や深海に、さらには対岸の沿岸域にまで運ぶこともある。工業廃棄物や汚水処理後の排水、未処理の排水、沿岸の建設や造成などさまざまな原因が複合的で累積的な影響を沿岸環境におよぼしている。それらすべてを調整する包括的かつ総合的な管理が、縦割り行政による個々の分野の規制より効果的であることはいうまでもない。

　統合沿岸域管理は、いまだ概念的なものにすぎないが、地域によっては現実化しようとする試みがある。例えば米国では、オレゴン州が沿岸環境の保護を目的とする包括的な沿岸域管理計画を策定し発効させた。カリフォルニア州は少し遅れてはいるが、計画をつくり、実施の手前にある。カリフォルニア州およびワシントン州の海岸の中には、既にMPAとなっているところもある。もし太平洋岸の3州が連携計画を法的に承認すれば、オレゴン州当局の提案した統合的沿岸域管理は米国西岸に関しては実現することになる。

　世界的にみても領海の境界が接していたり同じ縁辺海に面している国々では、共有する生態系を保護するための協力計画を策定するようになってきている。こうした合意の形成は非常にゆっくりしていて困難をともなうものだが、よい効果をもたらす手段として重視してよい。ただし、今のところはまだすべての分野にわたる統合的な規制よりも、漁業やある種の汚染のように個々の問題に対する規制についての合意の方が即効的で、より簡単だという考えは残っている。

沖合の海洋システムを管理する共同計画もまた、地域的なスケールで展開中である。広域海洋生態系（LMEs）とよばれるこの範囲は、多くが海流の循環システムをもとに定義され、生態的にも意味のあるもので、米国が積極的に推進している。しかしながら、こうした共同計画では、管理すべき資源の抽出が主な仕事であって、海洋生態系に影響をおよぼす陸域での人間活動は管理の対象になっていない。現在、LMEには64カ所が指定されており、その中には、ベーリング海、北東大西洋、北米東海岸沖合などがある。[(4)]

　これまであまり用いられていない管理方策で、おそらくは将来はより一般的になるだろうと思われるもののひとつに、場所ごとに使用目的を定めたゾーニング（区域別政策）がある。複合的な使用を認める区域を設定するということは、海洋環境や人間活動の規制は特別な保護を必要とする区域に限ればよいのだという間違った印象を与えてしまうかもしれない。けれども、これはそういうことではなく、陸域と海域の双方をつなぐ連続的な沿岸域全体をゾーニングで利用することで統合沿岸域管理を行おうということである。こうしたゾーニングでは、人間活動が全く認められない区域から異なるレベルと種類の活動が許される区域までが設定される。ユネスコの世界自然遺産にも指定されているオーストラリアのグレートバリアリーフ海洋公園は、ほぼ公園全体に広がる広大な保護域がこうしたゾーニングで管理されている。

2-d. 漁業の規制

　漁業は、沿岸域の生物多様性と外洋のいくつかの種にとっては、最も深刻な脅威のひとつである。最近まで、商業漁業を規制するものは、国境や領海に関連するものだけであった。ほとんどの国は外国漁船が正式な合意のないかぎり、領海内で操業することを認めていないし、排他的経済水域（EEZ）からも外国漁船を締め出している。漁業活動に厳しい規制が必要だという各国の認識は、公海の漁業資源を管理する条約の交渉へと結びついたが、自国のEEZ内での漁業規制に積極的な国は多くない。

　乱獲の主要な原因は、過度の資本化（過剰な装備の漁船があまりにも多すぎる）と漁獲技術の進歩だといわれるが、それらを規制し、縮小しようという動きは少ない。資源の減少が産業自体の衰退につながるというジレンマを抱える商業漁業

の宿命は、魚が少なくなればその分一尾あたりの価格が上昇するという資本主義経済の仕組みの中で、これまでぼかされてきた。

　ニューイングランド沖のように漁業が崩壊した水域では、資源量が回復するまで漁業者の漁業権を買い上げ、漁船を海から締め出そうとする政府の計画がある。これは、当初、漁業者に漁船を購入させ、装備を大きくさせることにつながった施策とは正反対のものである。しかしながら現実には、資本主義経済と市場原理主義の社会では、世界中で巨大なトロール漁船やマグロ漁船団がほとんど規制を受けないまま乱獲を続け、海の生物資源と生態系を損っている。

　外洋で行われる巨大な流し網はあまりにもひどいというので、国連総会はとうとう事態をみすごすことができず、操業を一時停止する措置をとった。しかし、もっと小さな規模の流し網はいまだに沿岸域で使われている。

　人間は、巨大な漁網に加えて、魚群の皆殺しに役立つ航空探知と音響探知の技術を持っている。人工衛星データさえ利用できる今日では、民間業者が加工したリアルタイムの情報が漁業者に売られて、魚群は一網打尽にされてしまう。海洋学者が誇らしげに発表した新しい海底地形図によって、これまで知られていなかった海底山脈が詳細に示された結果、皮肉にもハタやオレンジラフィーやメロのような深海の特定の地形に集まって産卵し、ゆっくり成長する魚類の群れはGPSと魚群探知機によって簡単に位置を知られ、あっという間に獲られてしまった。だから、漁具、探知機、そして漁船の数と大きさに関する国際的な規制が緊急に必要である。沿岸の小さな水域では、こうした漁業規制が効果をもたらしているところはいくつかある。

　20世紀後半、先進国やいくつもの開発銀行は途上国の漁船と装備を大型にし、漁獲量を増やすために各国に多額の援助や融資を行った。その結果はどうだったろうか。乱獲で魚類資源は減少して生態系は悪化し、しかも、獲れた魚の多くは先進国に売られて、途上国の人びとの蛋白質不足を解消するという初期の目的はほとんど達成されなかった。小さな漁船を操る自給自足的漁業者はハイテク装備の巨大な漁船に乗った商業漁業者によって排斥されることが多い。こうした傾向をくつがえすことは、食べたい地元の人びとに魚を返すためにも本当に必要なのである。

　漁業資源を保存するために、国連食糧農業機関（FAO）は毎年、漁業国から

提出されたデータをもとに魚種別漁獲量の動向を報告している。もちろん、先に述べた中国の例にもあるように数値は正確なものではないが、世界中でどのぐらいの魚介類が食べられているかを知る目安にはなる。しかし、この統計が扱っているのは市場に出された魚の量であって、混獲され、海に捨てられた魚類や無脊椎動物の量、つまりどのくらいの魚が死んだかは示されていない。FAOのような食糧機関が目指しているのは安定した漁獲量の維持であって、資源生物の繁殖能力や生態系全体の生産性の保存ではない(5)。

　漁業規制の古典的なタイプには、漁網の目合いの大きさの制限、漁期、漁業区域の設定といったものがある。もちろん、設定には科学的根拠にもとづいた考慮が必要であるが、このような規制は、予防的にも、もっと多く設定されるべきだろう。しかし、規制が意味のないばかげたものとなってしまった例もある。アラスカ州の沖合におけるオヒョウ漁業では、資源の減少を防ぐため操業日を1日だけに限定したのだが、漁船の数も漁獲量も決めなかった。いわゆる「オリンピック方式」とよばれる漁獲規制である。その結果、毎年、あまりにも多い漁船が魚の群れる場所を探すのに血眼になり、そんな場所をみつけようものなら、乗組員は終日ノンストップで操業するということになった。この危険な行為が終わると、魚はみな加工され冷凍された。商品としての鮮魚のオヒョウはほとんど市場でみられず、みかけることがあってもせいぜい1週間か2週間のことだけという有様になったのである。こうした効果のない事態を経て、米国では資源管理のための新しい取り組みが始まっている。

　そのひとつが、国際的にも評価されるようになってきた「個別譲渡可能漁獲割当」（ITQ）である。これは、特定の漁業者が特定の区域で排他的に漁獲する権利を買って漁獲するという仕組みで、日本の漁業協同組合が持つ漁業権も、組合員が排他的な水域を確保して漁業を行うという点では似ている。これを評価する人びとは、これが漁獲圧力を減じ、より安全な操業ができると歓迎しているが、これに反対する人びとは、このような海の一部分を"所有"するやり方は、自然の生態系として機能している公共の資源と水域を私有化することにつながるとして異論を唱えている。もうひとつは、適正漁獲量（optimal yield）を不確実要素の大きい持続可能最大漁獲量（MSY）以下に設定して、生態系の保護および魚介類の棲み場の保存をはっきりと資源管理計画に反映させようとする動きである。

この新しい取り組みが成功するためには、これまでの水産学や資源管理制度や漁業の慣行が根本的に変わらなければならない(6)。

　駿河湾のサクラエビ漁では、漁業協同組合の組合員が、ほかの場所ではあまりみられない制度をつくって、狭い排他的水域の資源を護っている。これは水揚げ金額のプール計算制にもとづく漁業管理で、サクラエビを漁獲する権利を与えられている3地区120隻の漁船が漁獲量を設定して操業し、全船の水揚げ金額を総計して、それを均等配分するというものである。それは資源および漁場の合理的かつ安全な利用を目指した船団操業を実現するために不可欠な所得再配分の手段という性格を持つもので、行政からの指導ではなく科学者の助言をもとに適正漁獲量を設定し、漁業者たちが合意して実施に踏みきったという点で特徴がある。これによって過剰な漁獲競争が排除でき、全体としての漁獲量の調整ができるようになって、漁獲物の価格維持効果が認められ、資源維持への意識が高まった。その根底には自分たちの子孫に、この資源財産を残したいという気持ちと漁業者間の地域共同体意識が強くかかわっている。漁業者は科学的調査資料と予防的アプローチから算出した漁獲許容量にもとづいてゆるやかな年間の漁獲量を設定し、船団は毎日、あらかじめ漁場と当日の水揚げ目標量を決め、操業時間と曳網回数とを操業現場で判断して、共同操業を行っている(7)。

　望ましい規制の方向は、漁船数および漁具に関する直接的な規制と漁期や禁漁区の設定を組み合わせたものであろう。寿命が長く、再生産の遅い魚種については十分に考慮したゾーニングを行い、個体数の維持に多大な影響をおよぼすはずの大型産卵魚の保護に対しては漁業者の合意のもとに漁場や漁期を制限し、正確な漁獲量の報告を求めることが資源維持には効果的なのである。それに加えて、規制を促進し具体化する支援措置も必要になるだろう。

　こうした規制を行うのは国内でも難しいということは既に立証済みであるから、国際的に行おうということになればさらに難しい。水産業は無規制状態の長い歴史を持っている。「先にみつけたもの勝ち」と「獲れるだけ獲れ。所詮はただだ」という精神がその根底にある。FAOや各国政府は、乱獲はやがて漁業を衰退させ、食糧供給量を減少させるだろうと警告して、資源量のモニタリングを行っており、また同時に、生態系への影響も心配しているが、漁業者の合意を得ることにはあまり成功していない。持続可能な漁業と生物多様性の保護という2つのゴ

ールに到達するためには長期的なフレームワークを作成する国内外の組織が必要だし、またそうしたゴールを実現するような管理策も必要である。[8]

一方、国際的な漁業規則も各国の規制も、有用種以外の、混獲で殺されている魚類や哺乳類や海鳥類やウミガメや無脊椎動物については、ほとんど言及していない。また、漁獲対象種とつながりがあり、そのために個体群密度に変化をおこしつつある種について調査したり保護したりするといった、より難しい問題が一般の漁業管理プログラムで言及されることはまずない。国際的な枠組みの確立によって、これらの問題を提示する必要があるだろう。

2-e. 汚染物質の規制と防止

海洋環境中の汚染物質は栄養物質と有毒物質の2つに分けることができる。過剰な栄養塩類は富栄養化や生物多様性の減少につながるので、排出規制や水質基準が設けられている。だから、ある特定の区域の海水については基準が満たされているかどうかを判断するのは容易である。しかし、もし、栄養塩類が微小藻類の大増殖によって急速に取りこまれていたら、水中濃度は流入する汚染物質の量を正しく反映していないことになる。流入量を規制するのは難しいが、農地や森林からの栄養塩類の溶出は、肥料の使用を減らしたり、農地や伐採地と水辺の間に林や草原を残したり、植林したり、水辺への家畜の侵入を防げば減少させることができる。汚水処理施設からの栄養塩類の排出量は、より進歩した処理法や汚水を濾過する湿地の造成や水洗式ではないコンポスト型のトイレを使うといった革新的な方法で減少可能である。また、化石燃料の燃焼によって排出される栄養分の高い混合物は新しい技術で回収したり除去したりすることができ、燃料の消費量もかなり減らすことができるはずだ。これらの技術や方法には高価なものもそうでないものも、また実際にはまだ試されていないものもあるが、とにかく、努力すればどうにか解決できる問題である。

一方、有毒物質の問題は非常に難しい。有毒金属類は天然物を地中から取り出して精製するときに生じ、高濃度で蓄積したときに問題となる。油類も無数の不注意な行為によって海洋環境中に入りこんでおり、同様の難題をもたらしている。合成有機化合物はさらに油断ならない。その種の汚染物質は無数にあって、監視が難しく、微量で生きものに影響を与えるからだ。多くの場合、これらは環境中

に長く残留し、食物連鎖を通じて生物濃縮や拡散を生じていく。

　汚染は海洋環境にとって大きな脅威なので、そのことへの対策は海の生物多様性の保全にとって決定的な意味を持っている。汚染に関する政策は、3つの過程を経て進展してきた。まず、海を廃棄物の投棄場にするのをやめはじめた。かつてはパイプラインや投棄船によって意図的に行われていた海洋投棄は先進国では現在は急速に減少し、あるいは禁止されるようになってきている。もっとも、途上国ではいまだに海をごみやし尿の投棄場としているのだが。次に、多くの国の政府は環境に対して多大な害をおよぼすことはないと考えられるような"適切な"水質のレベルを維持する排出規制を行うようになった。しかし、この規制は実際には欠点だらけのものである。最後に、汚染の禁止は国際的なゴールとして認知されるようになった。ただし、効力のある運用にはほど遠い(9)。

　有毒化学物質の許容可能な排出レベルあるいは基準の設定は、常に大きな物議をかもす問題である。それは、健全な海の生態系がどれだけの汚染物質に耐えられるか、という限界を科学的に決定しようとする試みにすぎないようにもみえる。このような限界は「累積的許容量」とよばれるもので、すべての汚染物質は低レベルでは無害であり、害をおよぼす一歩手前になんらかの濃度の閾値があるという考えにもとづいている。こうした閾値の決定は、バイオアッセイ（生物学的反応測定）として知られる動物実験にもとづくことが多い。つまり、実験動物を用いて、ある化学物質もしくは複数の化学物質の混合物のいろいろな濃度に対する死亡率（全体の何匹が死んだか）を測定するのである。しかし、この方法では、多様な発生源から生じる汚染物質の複合的で相乗的な効果を明らかにすることはほとんどできない(10)。

　汚染された環境では、生きものは低濃度の化学物質やそれらの複合作用に慢性的に曝されていることによって、直ちに死につながらなくても活力を失い、生態系は疲弊してしまっている。環境中のわずかな量の合成有機化合物の影響について、私たちは断片的にしか捉えていないが、例えば内分泌攪乱物質はほんのわずかな量で不妊を含むさまざまな生殖障害をおこすし、免疫不全や神経障害を引きおこすものがあることもわかってきた。これらの研究結果は、慢性的な作用や有機汚染物質に関する水質基準は海の環境に対して不十分であり、厳しさが足りないということを示唆している。

海水に含まれる有毒物質を規制するために、水中濃度にもとづく環境基準が多くの場所で設けられているが、これは汚染源での規制でないから効果は少ない。環境に入りこんだ物質は水中で混合し、潮流によって拡散していくから、水域に基準を当てはめた規制が有効に働くのは、影響する全体（河口域や生態系全体）が数値基準に達するまでに汚染されてしまった後のことなのである。排出濃度の規制はできても総量規制がなくては意味がない。水質基準は、多くの場合、有毒金属や合成有機化合物の濃度が最も高いはずの海面と海底の堆積物には適用されていない。国によっては底質の汚染基準を設けているところもあるが、底生生物群集を保護するために水質基準よりは役立つという程度でしかない。

　しかし、こうした基準をどのように決定すべきか、また底質中の汚染のどの程度が生化学的に取りこまれ、生物群集に脅威を与えるかということについては、科学者の間でもなかなか意見が一致していない。底質中とそのすぐ上の水を通じた接触が唯一の曝露ルートであるとする仮定にもとづいて計算しても、あまり役には立たないように思う。より現実的な基準を求めようとするなら、底質中で摂食活動を行う動物による消化や底質との直接的な接触による体表からの吸収、また食物連鎖を通じた生物濃縮や拡散を含む知見を総合する必要があろう。

　環境基準に関連する規制は、潜在的な汚染をどの程度まで許可するかによって決まってくる。一般的にそれは、許可を求める側にとって、ある汚染行為の結果、基準を超えることはないことを示す必要がある。しかし、こうした規制では基準値を超えるぎりぎりのところまでは汚染行為を許してしまうことが多いから、水域の水質を汚染の少ない基準値以下に維持することには役立たない。

　環境基準に加えて、あるいはこれに代わって、工場の煙突やパイプ、汚水処理プラント、焼却場など確定できる発生源については汚染物質の排出を直接的に制限するという方法がある。規制の厳しさによるが、こうした規制は、まだ汚染されていない地域を護ったり、よりクリーンな産業の実現と技術開発を支援したりするために有効である。実際、生産の技術や方法そのものを規制することも可能である。そして、発生源やそれに近いところで規制を適用すればするほど、汚染を最小限に抑えるのには効果的である。もちろん、これは、それらの規制がどれだけ厳密にうまく行われるかによる。[11]

　有毒物質の拡散が特定源からのものでない場合には、直接的な排出規制はやや

難しい。これには、農業や林業（森林管理）における殺虫剤の使用やゴルフ場のような芝生地からの除草剤の浸み出し、あるいは無数の都市河川からの微量の有毒物質の流出などがある。しかし、これらは汚染の発生源となっている人びとへの啓蒙や汚染を減じるための特別な計画によってよい方向に向かうことができる。例えば、いつ殺虫剤が本当に必要になるかを決定するプログラムを用いれば薬品の使用量を減じることができる。現実には、いまだに農薬は必要であろうとなかろうと定期的に使用されてしまっていることが多いからである。

　河川流域の汚染特定源および非特定源双方を確定する環境監査も、汚染防止には有効である。環境監査が行われている例としてはライン川がある。ライン川は、長期間にわたって各国から排出される膨大な量の汚染物質を北海に運んできた。監査はロッテルダム港から始まった。そこでは川が運んでくる汚染物質の濃度が高すぎたために、オランダの環境規制や法律に違反せずに港湾作業を行うことができなくなったためである。監査の結果、流域の関係各国には汚染源を確定し、汚染を減少させるための「ライン計画」に同意することが求められた。こうしたことがもっと多くの場所で実施されるまでには、しかしながら、まだ長い過程をたどらねばならないことであろう。

　ライン川が流れる国のひとつにドイツがある。化学および薬品会社が多いため、ドイツの産業活動はライン川の環境に大きな影響を与えてきた。しかし、ドイツは現在、製造法と製品を改良することで汚染源を減じようとするクリーンな生産技術の開発における国際的なリーダーでもある。

2-f. クリーンプロダクションテクノロジー

　政府の規制と同様に私企業をも巻きこむ環境保護策のひとつは、クリーンな生産技術の開発を奨励し実行することである。"クリーン"という語は汚染物質の除去を意味するものであるが、この概念は、また、資源の消費量を減じ、ごみを減らすものという意味も含んでいる。その背景にある思想は、「産業の目指すところは円滑な物質循環と非汚染であり、生物多様性の保全が図られ、将来の世代がその必要を満たすことができるようなものであるべきで、またそういう産業は存在しうる」というものである。

　クリーンプロダクションという語は、"よりクリーンな生産"であり、資源の

責任ある利用と再利用と、環境汚染防止に向けて重大な一歩を踏み出そうとしている産業システムに使われる。それを目指す産業は、毒性の強い原材料の使用を相当量減らしたり、除去したり、有毒物質や廃棄物の発生を回避している。クリーンプロダクションには次の技術が含まれる。

①人体あるいは環境へ害を与えるような物質やエネルギーを環境へ放出しない。②エネルギーを効率よく、しかも控え目に使う。③再生可能な原料を用いる。即ち、生態系の機能を維持できるような方法で原料を取り出し、資源を循環させて利用する。④ある製品の生産から寿命の終わりまでクリーンプロダクションの基準を採用する。この「ゆりかごから墓場まで」は、原料の選択、採取、加工から始まり、その製品が有効に機能しなくなってからはリサイクル、再利用、廃棄に至って終わる。その間に、クリーンプロダクションとしての設計、製造、使用があるわけである。

クリーンプロダクションの技術が海の環境におよぼす効果は明らかである。製造工程から有毒物の排出を減じ、ごみ処理場からの汚染物質の漏れをなくし、エネルギー効率のよい加工方法が設計されれば海の毒物汚染を最終的には減らすことになる。また原料の再利用とリサイクルを心がければ、原料を生み出す環境を保護することにもつながる。政府や行政はこのようなクリーンプロダクションをめざす企業を税制や融資面を通じて積極的に支援し、市民にも「よい企業」の情報を流して、ほかの業者がまねるようにしてほしいものだ。

2-g. リスクアセスメントと予防原則

汚染や漁業のような環境に負荷を与える活動に対する規制は、一般に活動の結果を想定してなされるリスクアセスメント（危害査定）をもとに行われている。アセスメントはいくつかの生物種を生物群集の代表に選んで、群集全体に対する影響を想定することが多いが、データが少ない場合にはいろいろな予測式を駆使し、不確実性係数を用いて査定する。最も好ましいリスクアセスメントは評価にともなう"不確かさ"を明記することだが、それはしばしば無視されてしまっている。化学物質の環境影響を議論する場合、何をもって有害とするかが問題である。いうまでもなく、査定の基準値をどこにおくかでリスクの見積もりが左右される。死亡というようなはっきりした基準値での評価は、生殖への影響というよ

うな、より微妙な基準値を覆い隠してしまう。さらにもっと微妙な基準値、例えば行動の変化とか発生の異常などはほとんどリスクアセスメントには使われていないが、本当はより正しい査定につながるものだと思う。しかしながらこのようなきめの細かい基準値を設定すれば、"不確かさ"はもっと増える。[12]

実験動物を選んで汚染物質や問題としているストレスにさらすバイオアッセイ試験では、はるかに複雑な生物群集からなる自然界全体への影響を判断することは難しい。また、致死限界というような基準を用いても、飼育しやすくストレスに強い種や成体が対象にされると、結果に偏りが生ずることが多い。その結果、査定が間違ったために取り返しのつかない誤りが生じた例を、これまでに私たちはいくつも経験した。

科学者は、しばしば、環境保護や資源の持続的な利用についての政策決定に技術的な助言を与える立場にある。野外調査や実験やある生態的な帰結を予測するためのモデリングなどにもとづく研究結果は、科学的根拠として政策決定に用いられている。しかしながら、生態的な予測や仮説は最もあり得そうな帰結を選んで立てられるので、それらの基礎になっている知識の不確かさはしばしば無視されてしまう。仮説などは、時間が経って知識がもっと増えれば、容易に変わりうるものだ。また、仮説は実証されなければならないが、例えば地球温暖化のように立証されたときにはもう手遅れというものがある。今や私たちは科学のあり方に対する考えを変える必要を感じるべきときにいるように思う。また、政策者はリスクアセスメントにおけるこうした問題を十分に考慮して決定を行うべきであるが、現実にはそうしたことはほとんどなされていない。

生態系の保護や生物多様性の保全に関する政策の立案は、政治的または経済的な事情を越えて科学的かつ倫理的な考えにもとづいてなされなければならない。そのうえで、たとえ科学といえども不確かさがあり、予測に誤りが少なくないことを認めて、最終的な決定は倫理的な判断に裏打ちされたものであることが望ましい。[13]

予防的アプローチ（予防措置）はこうした考えから、1972年のロンドン廃棄物条約（LC72）や1992年のリオ宣言のような海洋環境保護に関する国際的な合意事項のなかで原則的には認められるようになってきた。FAOは1995年の総会で「責任ある漁業のための行動規範」を承認したが、その第7項（para 7.5.1）では

次のように指示されている。「水生生物資源を保護し及び水生環境を保全するために、予防的アプローチ（precautionary approach）を広く水生生物資源の保存、管理及び開発に適用すべきである。十分な科学的情報の欠如が、保存及び管理措置の延期又は措置を取らないことの理由として使われるべきではない」。その趣旨を反映する規定は生物多様性条約や地域的な環境関連の宣言にも見出すことができる。一方、予防原則（precautionary principle）が政策者や経済界や環境保護活動家たちの間で真剣に議論されるようになったのは、1998年、米国NGOの"科学と健全な環境ネットワーク"がウィスコンシン州ウィングスプレッドで主催した集会で、その適用を次のように定義してからである。

「ある開発事業が人の健康や環境に害をもたらすおそれがあるときは、原因と結果の関係が科学的に十分に証明されていない場合でも、予防措置が取られるべきである。そして、証明の責務は一般市民よりも事業者が負うべきである。予防原則を適用する手順は影響を受けそうなすべての人びとが情報を共有し、政策の決定や事業を続行するか変更するかの判断などのすべての過程に参加し、民主的に進められなければならない。また、事業の停止を含み、あらゆる代替手段について討論しなければならない」。

予防的アプローチが行動における緩やかな指針のようなものに対して、予防原則は法的拘束力をともなう、というのが国際法学の解釈のようだが、本書では両者を予防原則という言葉で表すことにする。予防原則が強調しているのは、ある行為によって害が出ることを防止するには、伝統的、経験的な知識を含むあらゆる情報をもとに、事業が引きおこすかもしれない影響を調べ、害が予測されたときには確実な証拠が得られる前でも、行為を制限あるいは禁止し、あるいは修正措置を命じることができるということだ。科学的な証拠が完全に揃っていなくても、悪影響が出るかもしれないという予測が得られた場合は、直ちに防止策をとるべきなのである。表面的には、これは許容可能なリスクという概念を否定するものにみえるかもしれないが、実のところは、望ましい帰結に近づくための決定を得るというリスクアセスメント本来の目的にとっての好ましい判定基準になる。何らかの行為をおこすときに予防原則をとれば、予測できない範囲についてはできるだけ悪影響がおよばないような判定基準をリスクアセスメントに適用して、生態系を保護することができるだろう。

この後、米国ではいくつもの環境NPOが、その活動に予防原則を取り入れた。そして活動の国際的な高まりとともに政策担当者たちの注目を浴びるようになった。商務省関係者は、この動きが遺伝子組み換え農作物や成長ホルモン添加農作物の輸出の妨げとなったことから、予防原則を反科学的な理念で技術開発の障害となるものとあざけり、国際貿易のルールは現行のリスクアセスメントにのっとるべきだと主張している。また、漁業の立場からみて、予防原則の海洋環境への適用に疑問を投げる専門家もいる。予防原則が一部の沿岸国による資源の囲いこみに利用されたり感情論に支配されたりして、他国の漁業機会が減るのではないかというものである。確かに資源をめぐる各国の利害を法解釈や政策の面だけから論じれば、このような心配も出てくるだろう。しかし、実際に人間活動の結果が生態系や生物多様性に有害な影響をもたらし、ほとんどの漁業条約や取り決めが水産資源の減少傾向をくつがえすほどの効果をあげていない現状を知れば、予防原則の導入に否定的にはなれないはずだ。

2-h. モニタリング

　環境モニタリングとは、環境に関する種々の要素を定期的に一定期間調査計測（監視）するものである。それによって、非生物的環境と生物群集の変化を査定し、生態系における普通の変動と異常な変化を区別して、変化の原因と影響を分析することができるだろう。モニタリングは、保全策の進行具合やその効果を監視するのに欠かせないものであるが、もっと大切なモニタリングは、海洋のシステムを長期間にわたって観測するもので、それによって自然および人間活動由来の環境変動に対する生物群集の応答を捉えることができるのである。

　このように、海の生物多様性の査定と保護のためには、長期にわたる包括的な観測がきわめて重要なのだが、こうしたモニタリング計画は非常に少ない。わずかな事業のひとつにカリフォルニア州共同漁業調査計画（CalCOFI）がある。これは、カリフォルニア海流域の物理や化学、生物を1949年からずっと観測、研究し、地球規模の気候変動や、植物プランクトン、動物プランクトン、魚類やプランクトン幼生の自然的・非自然的な変動、生物多様性、そのほか重要なパラメータについて豊富な情報を提供し続けてきた。通常行われる単年度もしくは数年単位の短期間の調査ではなく、こうした長期の研究こそが、環境変動の原因とそ

の結果についての評価を可能にしているのである。

　ほかの貴重な長期モニタリングの例としては、ロードアイランド州ナラガンセット湾の植物プランクトンの記録や、ベーリング海や北海や日本の東北太平洋岸沖合の動物プランクトンの記録がある。いずれも、プランクトンの生物量や多様性の動態についてほかには代えられない情報と予測を提供している。

　しかしながら、このようなモニタリング事業の重要性は理解されても、研究費の獲得や昇進のために常に論文の作成を急がされている若い研究者たちにとって、モニタリングという単調な仕事は歓迎されないものになってきている。長期のモニタリング事業は国や公的機関がしっかりした計画のもとに十分な資金を提供して実施すべきものであるが、いくつかの事業では、その長期的な存続を可能にする資金が十分に確保されていない。世界的に高く評価されているCalCOFIでさえ、つい先年、継続をめぐって州政府と科学者たちの間で熱い討論が展開された。ヨーロッパでも「長期モニタリング観測計画を中止することは、海の生態系の変化を検知しようとする努力を放棄するものだ」といわれているにもかかわらず、各地の事業はしばしば中断されたり、継続を脅かされたりし続けている[15]。

　また、生物群集と棲み場の関係についての短期間の研究や野外実験は、海の生物多様性の動態を理解するのに欠かせない。それらは、長期のモニタリングでは得られない貴重な情報を提供してくれる。しかし、研究やモニタリングは保全策の代替品ではないから、それらの結果を待つことが棲み場と生物多様性の保護を遅らせる言い訳になってはならない。

2-i. 経済的な施策と制度

　経済的判断は常に政策決定の際の重要な要因である。環境関連の法律や国際合意では経済的な考慮が含まれていないことがあるが、それでも実施には経済的な決定がつきまとう。「リスク対効果」分析は、しばしば「費用対効果」分析となり、金額で対比されるのが常である。

2-i-1. 費用対効果分析と生物の価値

　環境保護活動と開発事業計画が対立すると、保護側はしばしば費用対効果分析で負けてしまう。その理由は以下のようなものである。まず、生物や生態系に貨

幣価値を割り当てるのは不可能なことが多い。また、経理上では、事業行為が損害を与えた生態系を修復するための費用は考慮しないし、正常な生態系が提供している価値についても評価しない。法律は、環境保護のための費用や損失を事業者である産業界や個人に要求することで、経済的な評価を押しきってしまうことができる。たとえ罰金制度が環境を護るためのものであったとしても、環境には本来的な価値づけをすることができないから、罰金の支払いは環境保護にかかる経費よりも安くてすむと考えられてしまうかもしれない。結局、経理上は、もし事業によって環境が損なわれてしまったら、なくなった特定の生物資源の貨幣価値を評価するのがせいぜいであろう。

経済価値評価のシステムは、危機的な状況にある種をうまく扱えない。なぜなら種は一般に希少になればなるほど、市場価格は高くなり、一方、生態系内での存在価値は、もはや重要な役割を果たし得ないという理由で低くなってしまうからである。経済は、絶滅のおそれのある種を絶滅に追いやるように働いてしまうのだ。ただし、種が絶滅の危険にさらされているときの方が、人びとの関心が高まり、存在価値が高まることもある。

生物資源の価値はそれが絶滅しそうなことが世間に知られたとき最も高くなるという問題は、捕鯨に関する1973年の古典的な経済学の研究で明らかに示されている。この研究では、捕鯨で一番儲かる戦略はすべての鯨をできるだけ早く獲りつくして鯨の値段を上げ、利益を銀行に預けることであった。その理由は、投資によって得られる利益は、資源が持続可能な程度の捕獲を続けて得られる金額よりもはるかに大きいと予測されたからである。幸い、ほかの経済的理由や国際的な圧力があったおかげで、こうしたやり方は実行に移されることはなかった。現在は、多くの国で鯨肉や加工製品の市場が縮小し、残り少なくなった鯨を獲るための漁獲努力や技術が高価なものになったし、ホエールウオッチングという新しい観光ビジネスがおこったために商業捕鯨は転回点に達しているといえるだろう。[16]

ある生物資源をその市場価値によってのみ評価する世界で、環境保護側が開発側に勝つかどうかは、破壊的な利用法よりももっと利益が見こめる非破壊的な利用法が市場に存在するかどうかで決まる。このことを考慮に入れて、環境経済学者のコスタンザたち（R. Costanza *et al.*）は、地球の生態系が提供する「自然のサービス」の価値を計算している。自然のサービスや費用を測定する方法には、

観光地への旅行にかかる消費者の費用にもとづいて推定するトラベルコスト法、環境のサービスが市場に存在しないために、宅地や労働のような代替市場を使って間接的に価値を測定するヘドニック法、環境財を私的財として購入するときにかかる費用、例えばさんご礁の価値を、同じ防災機能を持つ防波堤の建設費用をもとに評価する代替法、などがある。

　それまでは、自然のサービスは無料であり、したがって価値はつけられないとされていたのだが、こうした新しい算定では、それらのサービスを得るためには、代替ができるとしての話だが、毎年、多額の費用が要ることが明らかになった。

　地球生態系すべての価値を算出しようとした試算では、自然のサービスは、年間で少なくとも33兆ドルに達するとされている。この額は、全世界のGNPと等しいかあるいはそれを上回るぐらいのものである。この試算では、海の生態系の価値は総額22.5兆ドルで、外洋には8.5兆ドル、沿岸生態系には12.5兆ドル、そして、沿岸湿地帯には1.5兆ドルの価値がつけられていて、陸上生態系の価値をはるかにしのいでいる。こうした高い数値は、あらゆる事前の期待をはるかに超えたものであり、環境保護活動や政策に携わる人びとを目覚めさせる重要なガイドラインとなっている。[17]

　しかし、こうした経済分析にはまた、混乱を招く面があることも否めない。生きたシステムに貨幣価値をつけることへの道徳的なジレンマを今しばらくおくとしても、この試算には明らかな欠如や疑わしい価値判断がある。将来の分析で変更される余地は残されているにしろ、例えば気候の調節に大きな役割を果たしている外洋はその価値を十分に評価されていない。地球のすべてのいのちを維持してくれている気候に海が貢献しているということぐらいは一般の人たちも知っているから、これは驚くべき遺漏である。海が淡水の供給に果たしている価値についての明らかな見落としも、雨は外洋からの水の蒸発に依存しているという事実があるのに、困ったものである。この2つのサービスが含まれていたとしたら、外洋の価値がどんなものになっていただろうかと思わずにはいられない。

　一方、湿地や干潟が果たす廃棄物の分解や同化機能には非常に高い価値がつけられているが、これは自然のサービスではない。こうした分解や同化によって回収される毒物の多くは工業技術の産物であるからだ。湿地が有機物を堆積させ、栄養塩類を取りこむ自然の作用を持っていることは事実だが、人間由来の廃棄物、

特に有毒物質は湿地の活性を損ない、この生態系の持つほかの価値を減じてしまう。したがって、こうした機能に価値がつけられるべきかどうかは疑わしいし、それが湿地への投棄を正当化するのに使われるおそれもある。

　費用対効果分析を特定の事業や行為について行うとき、こうした経済的なアプローチを用いることには注意が必要である。市場の条件が異なれば、また環境条件が異なれば、（悲しいことに政治が変わればまた）価値は全く違ったものとして働くからである。現実の例としては、ニューヨーク市に良質の水を供給しているキャッツキル山の河川流域がある。この流域が開発計画で脅かされていることが明らかになったとき、市は費用対効果分析を行い、この流域を護るための土地を買い上げる費用と、開発のために水質が悪くなった流域の水を飲めるようにするための水処理プラントを建設、操業する費用とを比較した。その結果、流域を保護することの方がはるかに経済的であるという結論にはなったが、将来的には、もしこの土地が開発可能な不動産としてもっと価値のあるものになったり、水処理技術が安価なものになったりすれば、この結論はくつがえされるかもしれない。

　日本には、依然として費用対効果分析以前の問題がある。もう何年も、場合によっては何十年も前に計画された河川工事や海岸工事が、社会情勢や環境への市民の意識が変わった今日でさえ、地元の要望があるからということを理由に依然として進められることである。費用対効果分析を今日の時点で行えば不要かもしれない砂防ダムの建設や干拓を、行政がいまだに予算を確保し面目をかけて無理に実施しようとする。政治家と土建業者と自治体行政が一緒になって、公共事業で環境破壊を進めようとしているのに、事業計画の審査のために招かれた世渡り上手な専門家たちはさまざまな理由で目をつぶってしまう。住民は事業の進行に意見を加える時間的余裕を与えられず、司法審査と報道機関は総じて力不足で問題の本質に迫れない。倫理観と社会に対する使命感に欠けた事業関係者たちは目先の利益のみを追求して、自分の子孫のために豊かな自然が残せるかどうかということさえ考えていない。米国の「国家環境政策法」に30年近く遅れて、日本では1996年に「環境影響評価法」、いわゆる環境アセスメント法が施行されたが、それによって環境汚染や破壊のもとになっている大規模な公共事業や開発計画が中止、変更された事例はほとんどない。この制度の運用のあり方には構造的な改革が必要に思う。

国土とそこに生きるいのちを破壊する砂防ダムの実態と無責任な行政の姿は、稗田一俊の『鮭はダムに殺された』に明瞭に語られている。ダムの影響は河川の仕組みと自然界の生態系を根底から変えてしまうほど深刻である。ダムができるとその下流の河床が低下して河岸崩壊が繰り返され、土砂と流木が下流の流れが緩やかになったところに堆積して水位が上がり、水害に結びつく。その土砂をくい止めるために新しいダムが災害対策としてさらに下流に建設され、やがて川岸はコンクリート護岸に造り替えられ、砂防ダムが連続するようになる。河床にはダムから流された泥がたまって砂利底がなくなり、湧水が遮断されてサケやアユの産卵場所が失われる。

　本来、山から海に至る水の流れは、ひとつのつながりになって多くの生きものを育てているのだ。森のミネラルを含んだ栄養が川を下って海を豊かにするが、海からは、海の栄養分がサケやアユの姿で川の上流へと運ばれてくる。上流にのぼったサケをクマが捕えて川岸の森に運んで食べる。しかし魚があまりに多く捕れると、クマは美味しいところだけを食べてあとは捨ててしまい、それをキツネや鳥類が餌にする。そして、クマとそれらの動物の排泄物は樹木を育てる栄養になる。繁殖を終えて死んだサケを利用するほかの動物にとっても、海からもたらされた栄養分はきわめて重要に違いない。サケ類が遡上した川では川底の石に珪藻がつき、羽化する水生昆虫が増えて、魚や鳥類の大切な餌になる。このように海と川を移動するサケ科魚類は海と森という2つの異なる生態系を結びつける機能を果たしている。

　しかし日本ではダムや人工孵化のための採捕施設があるために上流にまで溯れる魚はほとんどいない。最初のダムをつくるとき、河川全体や流域全体の費用対効果分析が慎重になされていれば、公共事業はどうなっていただろうか。行政はしばしば「自然が大事か、人命財産が大事か」の言葉をかざして、100年に一度おきるかどうかわからない災害に対する防災事業を強行するが、問題の多い砂防ダムや河口堰による100年間の環境破壊で自らが失うものがどれほど大きいかを考える行政と市民は少ない。[18]

　最近、バルムフォードたち（A. Balmford *et al.*）は、いくつかの地方の特徴的な生態系を事例に自然のサービスの価値についての費用対効果分析を行って、さらに注目すべき結果を報告している。それによると、タイのマングローブ林の場

合、自然のサービスは1ヘクタールあたり年間6万400ドルで、これをえびの養殖場に変えた場合の1万6700ドルを大きく上回る。同様に、カナダの塩生湿地は、そこを干拓するよりそのままにしておく方が60％以上価値が高くなるし、フィリピンのさんご礁に至っては、自然のサービスは破壊的漁業でもたらされる収入の3.8倍にもなった（1ヘクタールあたり年間3300ドル対870ドル）。熱帯雨林の保存と伐採のための費用の分析などを加えて、かれらは地球全体で残っている自然環境の保存のための費用と効果の比率は1：100以上と結論づけ、経済面からみても自然環境の破壊がいかに無益なものかを示している。[19]

自然のサービスに価値をつけることには道徳的なジレンマがあることは先に触れた。こうした試みに対する批判は少なくない。自然が供給するすべてに市場価値がつけられるわけではないから、こうした価値づけは自然を常に過小評価してしまうことになる。しかし、何人かの研究者は、こうした経済学的なアプローチは定量的なので、一般の理解と賛同を得やすいと考えている。一方、自然のものはなんでも金で買えるという考えを加速するのではないかと心配する人もいる。科学と経済をつなぐ新しい試みは、本来は人間と自然の関係からなされなければならないはずの道徳的、倫理的決定を逸らしてしまうかもしれない。道徳的価値を考慮に入れながら、これからも貨幣価値づけの過程を取りこんでいくべきだと考えている研究者は多い。

2-i-2. 褒賞と懲罰

環境保護への経済的アプローチとしては、ほかに褒賞と懲罰がある。こうしたアプローチには、環境保護への理念やそのための指針が確立されていることが前提となる。指針には、ある種の行為を規制あるいは禁止する法律のような形もあるだろうし、行為のための方法の改良といった助言の形もあるだろう。いったん指針が設定されれば、それへの協力を促進するために経済的な褒賞や懲罰を図ればよい。

広く勧められ、時々適用されている懲罰には、「汚染者支払いの原則」がある。最も単純な例は、許容排出レベルを超えるような汚染をおこした企業についての罰金の適用である。汚染者は、過去に自分たちの引きおこした汚染が今も残っている場合や事故による漏出の場合、浄化について責任があるとされる。この概念

は、ときとして、売買可能な汚染の権利というシステムに組みこまれることがある。例えば河口域でなら、汚染物質の年間許容投棄量を決め、関与する各企業に全量から年間許容排出制限のシェアを割り当てるのである。割り当てより少ない排出を達成できたり、あるいはそういう生産技術の改善が期待できる企業は、余分の"汚染する権利"を、より汚し屋の企業に売ることができる。こうしたことで、汚染防止技術の導入を刺激し、技術を高めるように仕向けるのである。人によっては、これでは許容しうる汚染量を減じることにはならないから、原理的に矛盾したものと映るかもしれないが、より現実的な見方もできよう。なぜなら、これは汚染者が規制に従いやすくなる仕組みだからである。こうした経済的な懲罰が環境保護につながる例は、汚染問題だけではない。漁業のような資源の利用もまた、規則を破ると罰金が科せられるという形で資源保護を図ることができるであろう。

　経済的な褒賞としては、環境保護への指針を遵守する人びとへの補助金がある。これには、例えば、現在行われているようなハイテク漁具を買うためではなく、ローテク漁具を買うために補助金を支給することなどが考えられる。農業でも、殺虫剤を使わず、肥料の使用を抑え、あるいは有機栽培を行っている農業従事者には補助金を支払うという策が考慮されている。また、動物の排泄物を肥料に加工するための処理槽を設置したり、農地と河川の間に緩衝域を設けたりする畜産業者に補助金が支給されているところがある。

2-j. 環境の修復

　沿岸域の生態系は自然のままの状態で保護することが最も好ましいには違いないが、多くは既に損なわれてしまっているし、保護する前に損なわれてしまうだろうと思われるものも少なくない。そのような生態系の修復はオプションとなるだろう。生きものを復活させるには、望ましい生物群集が棲める状態になるまで、非生物的環境を回復しなくてはならない。これは、海水を浄化したり、ダムや防波堤などの邪魔な構造物を除去したり改良したりすることから、汚染された底質を浚渫したり、礁を造成したり、貴重な水鳥が営巣できる場所をつくったりするまでの幅広い仕事である。

　修復のための努力は、単一の種の回復に絞ったものから生態系全体の修復を目

指したものまでがあるだろう。後者の場合は、その生態系の食物連鎖の基礎になるような種や生物群集を人為的に移入したり、棲み場をつくるのが通常のやり方である。つまり、塩生植物やアマモやサンゴをそれぞれの場で育て、残りの生物群集がその場に入りこんでくるのを待つというわけである。しかし、こうした努力では今のところ限定的な成功しか得られていない。修復は可能なかぎり物理・化学的要因を元に戻すという心がけが肝要である。

　沿岸の塩生湿地を再生することにはこれまで相当の研究が行われてきた。しかし、湿地の再生は部分的には効果があるということが立証されたものの、その生物多様性と機能を完全に修復することにはまだ成功していない。さんご礁やアマモ場の修復については研究の進展が遅れているために、まだ湿地の再生技術以前の段階にあるが、仮に技術が進歩して塩生湿地やさんご礁を人為的に新しく創出することができるようになっても、同じ面積を開発目的で破壊してもよいというような政策は正しいとは思えない。

　攪乱された生態系は、一般的にみられるものだし、もうそれが普通の状態と思われるまでになってしまっている。ストレスが除去されるか、あるいは著しく減らされたとしても、そこの生態系は、もう元の状態には戻らないかもしれない。それでも、修復しようとする人びとの努力で救われるだろうと思われる沿岸の生態系は数多く存在している。

　全世界の多くの河口域では生きものの棲み場の一部または全体が悪化している。マングローブ林やさんご礁も同じである。マングローブ林の面積は過去40年ぐらいの間に半減してしまった。米国ではチェサピーク湾、サンフランシスコ湾、ピュージェットサウンドなどで干潟保全プログラムがあって、保護と修復が行われている。日本では2003年に、損なわれた生態系や自然環境を取り戻すことを目的とした自然再生推進法が施行され、東京湾の三番瀬干潟や沖縄の石西礁湖のさんご礁などで保全や再生が図られている。縦割り行政の弊害で計画が途中でなしくずし的に縮小、変更され、目的達成にはほど遠い結果に終わってしまわないように、事業を司る主務当局が強力な指導力を発揮できることを望んでいる。

　損なわれた生態系は助けを必要としているが、私たちが自然の生態系を修復する能力には限界がある。自然状態での回復の帰結を正確に予測することは容易でないし、また、修復しようとする者が、修復のゴールであるべき自然状態につい

ての正しい認識を持っているともかぎらない。全体の正常な生態系の姿がわからないままに部分的な修復に努力しても、望ましい回復は得られないだろう。下手に手を加えない方が回復に効果がある場合もある。修復より損傷を防止することの方がはるかに安全な方法である。著名な米国の環境生物学者のカーン（J. Cairns, Jr.）が1989年に述べているように、「もし私たちが種の絶滅速度を減じたいのなら、そして残存する種の回復を望むのなら、社会は、地球規模で、残された生態系の状態を良好に保たなくてはならない」[20]。

第7章

生物多様性と生態系の保全と回復に向けての国内外の取り組み

タイマイ
（琉球、1966）

世界規模での急速な環境の変化は自然のシステムや人間の健康や世界経済を脅かしている。この問題への対策は、多くの場合、ひとつの国家では効果的に取り組めない。海の環境と生物多様性を保護するには国際的な協調が必要不可欠である。1960年代から国際社会は野生種とその棲み場を保護することに共通の関心を示しはじめていた。環境問題は国境を越え、ひとつの国の陸上や海での人間活動が、しばしば遠く離れた国の海にまで影響を与えることがある。

　海の環境保護問題が国際交渉のテーブルに上がるまでには3本の長い道すじがあった。第一は海運のルールの必要性によるものである。これは船舶による長い国際貿易の歴史の中で、各国の商船が公海を通行税を支払わずに自由航行する権利を保証するために必要であった。第二は世界各国の領海内にある資源に対する権限と公海の資源、即ち共通資源の取り扱いに関するものである。公海における漁業権の保証は長い間各国の関心の的であったし、海底にある石油や天然ガスや金属などの資源が技術的に採掘可能になったとき、各国は常に採掘権を沖合にまで広げようとしてきた。第三は環境や種の保護を直接の目的としたものである。これは即ち、近年の、天然資源に対する権利を均等にし、自然環境や生物種を地球規模で保護する国際条約をつくろうという気運の高まりである。

　海運のルールづくりの道すじは、1972年のロンドン廃棄物条約ともよばれる、「廃棄物その他の物の投棄による海洋汚染の防止に関する条約」（LC72）や、1973年の「船舶による汚染防止のための国際条約」（MARPOL73／78）につながり、海洋投棄の禁止に向けて進展した。一方、海洋資源に関する道すじは海獣類の捕獲や、公海上における漁業、南極大陸とその氷棚の国際管理、海洋法などに関する諸条約や協定を生み出し、徐々に焦点が開発から環境保全へと移行していった。1958年には第1次の国連海洋法会議が開かれ、いくつかの法規がつくられた。その後1970年代はじめには、総合的な第3次国連海洋法会議での法案づくりが開始され、国連海洋法条約（UNCLOS）は1982年に調印された。そして条約は68カ国の承認を得て1994年に施行された。生態系と種の保護に関する道すじは、ワシントン条約とよばれる「絶滅のおそれのある野生動植物の種の国際取引に関する条約」（CITES）や生物多様性条約、そしていくつかの地域的な合意事項を生み出した。

　UNCLOSの成果のひとつは、地域が区分され、それぞれの海域で国家が行使

できる権限が配分されたことである。この条約では自国の海岸から沖合12海里の間のすべての水域と海底を国家が公的に管理することが宣告された。また国家は200海里沖合までの海水中と大陸棚の資源を所有する権利があるとした。そのほかに、この条約は国家の領海の外にある公海の範囲を設定しただけでなく、すべての沿岸域が公的に所有されるものであることを定めた。そして、この条約で詳細に決められた海の管轄権の枠組みは、海洋環境とそれにかかわる人間活動を統括するほかの国際的な条約や国内法の基本となった。

沿岸域を領海として公的に管理することは、環境保護に対する国内および国家間の相互協力に拍車をかけた。しかし、海岸については条約で扱われなかったために、海岸の陸域側の扱いと保護は、砂浜や砂丘や崖や塩生湿地など海の影響がおよぶすべての海岸を公的管理の対象としている国を除いて、複雑になった。いくつかの国はすべての海岸を国家が管理するという手段をとり、そのほかの国は公園や保護区を設定したり、特定の生息地を保護したりするという手段をとっている。[1]

現在、生物多様性の保全のためには、種の保護や特別な地域や生態系の保護、あるいは生物多様性に影響を与えるおそれのある人間活動の規制、さらに、特定生物種の輸出入の規制や生物多様性関連の政策づくりなどさまざまな努力がなされており、いくつかの国際条約や協定や計画や制度にもそれらが取り入れられている。海洋保護区（MPA）の設定も、生態系を保護し生物多様性を保全するための計画に含まれるようになった。特定の人間活動から海洋環境を護るためのいくつかの国際的または国家レベルの制度では、ある地域が十分に保護されているかどうかを判断する目安に生物多様性を用いることを明示している。

1. 取り組みの道すじ

国連は、海の環境を、傘下のさまざまな計画や機関の活動や総会を通過した決議や、特別委員会に提出された勧告などを通じて保護しようとしている。一方、各国政府は国連とその諸機関や、地域的または国際的な条約や協定、あるいは世界銀行のような数々の国際金融機関を通して、互いに協力しあって環境問題に取

り組んでいる。国際的な条約は一般に締結までに長い時間を要するのが常である。しかし、問題が管轄権に関するものであったり一部の海域の環境に関するものであったりする場合には、少数の国のみでの交渉ですむことがある。また、法的な束縛を受けない国家間の合意事項に関する交渉は、もっと迅速に進めることができる。合意事項に従うかどうかは自発的なものだが、それは特定の問題についての大勢の意見を明示することで、行政をある方向に導くという道義的な価値を持つ。このような理念や決議や綱領を宣言することは、問題が狭い範囲に限られている場合や従わなければ政府の立場がなくなるというような場合はきわめて効果的である。

　国際条約の交渉は、国際的に重要だと考えられている問題が取り上げられ、ある程度の国際的な同意のもとで道すじがつけられる。そして問題を協議するのに最も関係のある省庁から派遣された関係国の代表者による会合がもたれる。このような協議では、条約の交渉が成功する場合もあるが、多くの場合、関連のある条約を話し合う約束をとりつけるだけで終わってしまう。

　条約の交渉は、それに参加し、条約の組み立ての一端を担おうとする国々の官僚間のいろいろなレベルでの会議でなされ、同時に条約に関する技術的な助言や勧告を得るために関係国から派遣された専門家による専門家会議が開かれる。会議を通して条約は、すべての参加国の関心や要求に沿うように草稿が練られ、改定が加えられる。会議の準備や文書の取り扱いは、しばしば国連環境計画（UNEP）や国際海事機関（IMO）のような国連関係の機関の事務局が行う。

　生物多様性条約は、条約交渉会議がUNEPを事務局として1990年に開始され、1992年に採択され、署名が求められた。また、同じUNEPによって1995年にワシントンD.C.で開催された「陸域活動からの海洋汚染を防止するための国際会議」では、残留性有機汚染物質による海洋環境の汚染に関する条約を2000年に締結する方向で話し合いが行われた。

　条約には、大抵、特定の条項に異なった意見を持つ参加国の間でのやりとりの結果である妥協案がいくつも含まれている。ときには妥協に達せず廃案になったり、議事が先延ばしにされたりすることもある。最終草案が全会一致か多数決によって同意されたら、条約の主旨に賛同できる参加国すべてが条約に調印する。それからこの文書は批准のために各国の政府に戻されるが、それ以後多くの年月

を費やすことになるかもしれない。例えばUNCLOSは署名交渉の段階で10年を要した後、批准され、批准国がそれに従う効力を持つまでにさらに12年を要した。特に、海底資源の探査の部門では米国の反対があったために非常に多くの交渉が必要とされた。国際条約は批准され、施行された後でも、関心のあるほかの国が、後で署名に加わり、批准することができる。

　条約や協定は通常、時間が経つにつれ内容が変わっていくものである。条約に署名した国々は、専門家会議や多くの場合毎年開催される定例会議でガイドラインの進展や問題について議論したり、条約のさまざまな項目の実施状態を調査したりしている。参加国は合意や多数決によって、特定の取り決めを通して条約を変えることができる。

　近年は条約の交渉中や交渉後の定例会議に国際的な非政府組織（NGOs）がオブザーバーとして参加することがある。条約の交渉に参加するためには、NGOはまず、参加国にオブザーバーとしての地位を求めなければならないが、条約の内容によってオブザーバーとして認められるかどうかと許される活動範囲は大きく異なる。オブザーバーは投票の権利は持たないが、通例として、会議中に簡潔に意見を述べたり、公式文書あるいは非公式文書を各国代表に配布したりして、議題となっている事項に対しての見解を示すことができる。NGOのオブザーバーはまた会議場以外で非公式に問題について話し合っている。

　一般に、条約の批准には国会での承認が必要であり、法案を通過させるのも国会の役目である。いったん、条約が批准されると、該当する機関はその法律を効果的に運用させるための国内法の整備を行う。国内法は必ずしも条約より下になるわけではない。

　一方、国内法と地域の条約が世界的な条約に発展することはよくある。米国は1970年代と1980年代には環境に関する条約や協定を制定することでの主導者であって、いくつかの国際条約は米国の法令が模範とされた。しかし、現在の米国の姿勢はそうではない。この国の持つ権力の大きさのせいであるのかどうかはさておき、米国政府は自国の法律や慣例の上になる条約に同意することを非常に嫌がる。もっとも、他国が団結して米国に対して発揮する圧力を米国国民が支持すれば、政府の方針を変えさせることは不可能ではない。

　いくつかの地域の環境保護、例えば北海での地域的協定などを国際的な協定レ

ベルに引き上げるというような場では、EUが新たなリーダーとなってきた。EUや日本では産業界でも汚染防止技術の開発や環境にやさしい商品の販売やマーケティング技術に努力して環境保護に乗り出すようになってきているが、米国の産業界はそのような動向に遅れをとり、厳しい規制に反対し、地球温暖化問題はまだとるにたらないとして、浪費と汚染を続けている。先の大統領選挙のときも環境問題は票につながらないと考えられて棚上げされ、候補者間で討議されなかった。

　政府が批准した環境関係の国際条約とその目的を国民に知らせることは大切なことである。また、国民には政府が批准することを拒んだ条約と、なぜそれを拒んだのかについても知らせなければならない。米国では、強力な環境関係のNGOが国際的な条約や合意事項と国民とをつなぐ役割を果たしている。議会ももちろんそうだ。もっとも、議員たちの知識とかかわりにはずいぶん開きがあるのが常だが……。一般に、米国では、危機感を持つ産業界や大きな拠金が得られることを期待する環境保護団体が報道機関を通して行う誇大な広告キャンペーンでもなければ、国際条約について関心を持つ市民は少ない。公的な情報源となる報道機関は最も重要であるが、一方でメディアが関心を持つかどうかがそのまま民意の反映とされてしまうおそれが常にある。条約への関心を高めるために、報道機関はもっと科学知識に明るくなり、使命感に燃えなければならない。同様に、NGOや市民は、貿易協定や国際金融機関が環境に与える影響や政策を司る政府の役割を十分に監視するべきである。

　海の生物多様性の保全に関係している国際機関がいくつかある。最も直接的に関係しているのはUNEPだが、世界の漁業を監督する国連食糧農業機関（FAO）や国連開発計画（UNDP）なども重要な役割を担っている。そのほかにも、国際捕鯨委員会（IWC）や海洋環境保護の科学的側面に関する合同専門家グループ（GESAMP）などがあげられよう。国際的な海運の管理、取り締まりにあたっているIMOは海洋環境の保護に特に顕著な働きをしてきた実績を持っている。

　発展途上国では開発計画を遂行するための資金の調達が重要で、多くの国際金融機関が豊かな国の資金を、生活水準の向上や経済の活性化を求める貧しい国に有償で貸しつける業務に携わっている。これらの金融機関は当初、環境問題に対してあまり関心を持っていなかったが、融資先の国での事業が環境をひどく破壊

していることがしばしば指摘されるようになって、出資者が恥ずべき事態を招くに至った。これを機にそれらの金融機関、例えば世界銀行は、今では表向き各国政府以上に高度な環境保護を目指す環境部門を持つようになった。また、今日では各国政府の環境保護政策を促進するための独立した機関がいくつもある。数カ国の政府とNGOが加盟している国際自然保護連合（IUCN）は、中でも最も重要な機関である。

　海の生物多様性の保全に重要な働きをしている条約や法律や計画のいくつかについてはその概略を後で述べるが、多くの場合、これらはいまだ十分な機能を果たしておらず、世界の海とそこに生きる生きものたちを保護しきれていない。しかし、現在の法律や計画でも、国家や国民がそれらを有効に運用しようという意識を持てば、比較的容易に進展が期待できる。インターネットは重要な法律や条約や計画や機関についての情報源として役立ち、IUCNやIWCなどはさまざまな会議の概要や批評を公開している。

2. 海洋の環境

　海の環境は連続しているため、生物多様性を保全するための最も有効な手段は周辺の環境を含めた広範囲を対象にすることである。だから海のシステム全体が人間活動から護られるような区域を設定して、区域ごとに特定の事業や資源採取を認める一方で、全体として海の生態系への負荷が最も小さくなるよう慎重な行動を義務づけることが方策として考えられる。人間は海には住まないから、そこは爆発的な人口増加に対応する空間は必要ではない。だから資源を割り当て、そこでの行為を規制すれば、論理的には水域の保護が図れるだろう。しかしこのような手段は、資本主義経済の下での慣習的な商業活動とは異なるために実現させることが難しい。それに代わる手段には、海洋環境に配慮し、特定の種や地域を保護したり、特定の活動を禁じたり制限する協定や法規を設けることがあろう。そのようなものの中には生態系にもとづくアプローチを提言しているものもあるし、海洋環境全体を見据えたものもある。

2-a. 国連海洋法条約

148カ国（2005年8月の時点）が加盟する国連海洋法条約（UNCLOS）は、海洋資源の配分と採掘の規制、および海洋環境の利用と保護を枠組みとし、すべての人間が海洋環境を平等に利用し、海の恵みを等しく受けることを目指して設定された。これは最も広範な海洋関連条約で、海洋環境の保護が最重要である枠組みになっている。しかしこの法律の効果的な運用は加盟国とその国民がどのように条約の精神を理解して行動するかにかかっている。

この条約の数多くの成果のうちのひとつは管轄権の範囲の定義である。海岸や"基線"より陸側のすべての水域を"内水"という。この基線というのは国によって若干異なるが、大抵は高潮線や河口の海の影響がおよぶ線までである。基線から沖合に向かって12海里（2万2224m）離れた線までの範囲が各国の領海である。内水面も領海もそれぞれ自国の管轄水域内にあるが、領海には他国の船舶の自由通航権が保証されている。12海里を越え、最高で基線から200海里まで延長した水域は排他的経済水域（EEZ）とよばれ、自国の漁業権が保証され、同時にその水域の環境の保護が義務づけられるが、他国の船舶の通航を制限することはできない。また、すべての国のEEZのまだ先にある公海はどの国の管轄も制限も受けない。その資源は「人類共同の財産」として、国際協定の対象とすべきであると規定している。

UNCLOSの大部分の規定は海洋や海洋資源の開発や利用に関するものだが、この条約には海洋環境の保護に関する事項も含まれている（第12章　192－237条）。それらには、「すべての国家は海洋環境を保護、保全する義務があり（192条）、汚染を防止し、軽減しおよび規制するために必要な政策をとらねばならない」と記されている。この保護、保全に関係するところでは、「汚染とは有害なものと同様に、有害と予測されるものも含む」と表現されていて、予防措置の重要性を示している。汚染物質には海洋環境に害をおよぼす可能性があるすべての技術の産物や副産物と外来動植物が含まれる。そして海洋だけではなく、陸上や大気起源の汚染物質も含まれている。この条約には生物多様性に関する事項はないが、種の保護は各国の義務とされ、「希少又はぜい弱な生態系及び減少しており、脅威にさらされており又は絶滅のおそれのある種その他の海洋生物の生息地を保護

し及び保全するために必要な措置を含める」(195条5項) と定められている。また漁業の管理に、生物種間の相互関係や生態系についての考慮が重要であるという表現がある程度含まれている。

UNCLOSは公海におけるすべての国の伝統的漁業権を認めているが、この権利を維持するために、①EEZをまたいで移動、回遊をする生物資源 (straddling stocks) を保存及び管理する義務と、②最も信用できる科学的データを用い、公海の生物資源を保存及び管理する義務を条件としている。EEZでは、沿岸国は乱獲による資源枯渇の危機を招かないように生物資源の保存と管理に責任を持たねばならないとされた。しかしながら、そこで各国がこぞって適用したのが、古典的な資源水産学者が提唱した持続可能最大漁獲量 (MSY) であった。そして魚の棲む海洋環境と生態系を考えようとしなかった人たちの理論は水産資源の保存や保護には見事に役立たなかった。

数年の論争の後、UNCLOSは最後まで残っていたハードルを越えることができた。それは深海底の鉱物資源の採掘についての条文を変更することについての合意である。それまでUNCLOSの批准を拒んでいた国々が国内法や政策を見直した。深海底の採掘権に関する再協議の際には、海底の資源と環境は有害な採掘活動から保護されなければならないという観点から、大陸棚やEEZを越えた場所での採掘と開発を規制するために、国際海底機構 (ISA) が設立された。この機構は、当事国に対して、「海の環境を保存し保全するための規則や手続きを適用し、事業の終わるまでの調査とモニタリングの実施の責務を負わせる国際法にも劣らない効果を持つ国内規則を適用しなければならない」としている。

UNCLOSは特に氷に覆われた海域での問題を考慮に入れて、関係国に深海底の採掘や船舶の航海によって生じる環境への深刻な損害を防止するための特別水域の設定を認めている。そのような水域での船舶などの航行はIMOの許可を受けなければならない。

2-b. 世界的な協議事項

国連は環境と開発についての論議を、1972年ストックホルムで開かれた「人間環境に関する国連会議」で始めた。その結果、「人は、尊厳と福祉を保つに足る環境で、自由、平等及び十分な生活水準を享受する基本的権利を有するとともに、

現在及び将来の世代のため環境を保護し改善する厳粛な責任を負う」というストックホルム宣言が採択された。この道徳上のガイドラインはそれ以来、環境に関する国際的な交渉の場での理念であり続け、責任を負うという考えを将来の世代にも継承することはあたりまえのことになった。このような理念は、「リオの地球サミット」とよばれる、リオデジャネイロで1992年に開催された国連環境開発会議（UNCED）に持ちこまれた。しかし、その理念を実行に移すことは、話したり署名をしたりすることほど簡単ではなく、それを行うためには何が必要なのか、どのようにしてそれをすればよいのかについて各国では未だ議論が続いている。

ストックホルム会議は「環境と開発に関する世界委員会」の発足を促した。そして同委員会は1987年に「私たちの共通の未来」と題し報告書を出版した。この報告書は持続的な世界の維持のために海洋環境がいかに重要かを次のように述べている。「次世紀を見据えたとき、環境と開発に関する世界委員会は、人類が持続的な発展を続けられるかどうかは、海洋の管理がどのくらい大きな進歩をするかどうかにかかっていると確信している。私たちの機構や政治には大きな変革が求められるだろうが、これからの資源は海に大きく託されるに違いない。」[2]

一方、UNDPは陸上の人間活動によって悪影響を受ける海の環境に焦点を当て、各国政府に対する指針をつくった。そして1985年には、「陸上起源の汚染物質から海洋を保護するためのモントリオール指針」が承認された。

リオの地球サミットの結果、リオ宣言とUNCEDで討議された諸問題についての行動計画「アジェンダ21」が採択された。先に触れた予防原則もその中に含まれている。以後の国際的な環境に関する協定では、この予防原則が交渉の中で常に取り扱われ、修正にもかかわってきている。アジェンダ21には生物多様性の保全にあてられた部分と陸上の人間活動による海洋の汚染を問題にした部分とがある。

UNCEDに参加した各国政府はそれぞれ、海洋環境の保護手段を考え、海洋環境を悪化させるおそれのある活動があれば、その環境への影響力を査定し、保護活動を行って海洋環境の保護を完璧なものへ向かわせるとともに、クリーンプロダクションテクノロジーの開発のための経済的インセンティブを活発化して環境を護り、沿岸に住む人びとの生活水準を向上させるために努力することを約束し

ている。アジェンダ21の責務を果たすために、UNEPは1995年、ワシントンD.C.での国際会議で、「陸上活動から海洋環境を保護するための全世界行動計画」が採択された際、その働きかけの主役をつとめた。この行動計画は海洋環境を脅かすすべての陸上活動を対象にし、国家的、地域的、国際的レベルで、目的に沿って行動するように決めている。その中の重要な条項のひとつは、広範囲な国家行動計画の策定である。このような国家行動計画は、もし何か具体的な問題が出てきたときに不可欠なものである。すべての国々の市民やNGOはその進捗状況を見守り、計画が強力で効果的なものになるための協力を惜しんではならない。[3]

2-c. 関連する日本と米国の法律と行政機関

　国連海洋法条約の発効以来進展した国際海洋秩序に対して、多くの国が海洋政策の策定や実施に踏み出しているにもかかわらず、日本の海洋政策には法制の整備を含めて立ち遅れが目立つ。この十数年の著しい自然と社会の変化にもかかわらず、政策には総観的な見直しがないままに、現実の問題の対処に追われているだけのものが多い。海洋政策の全側面を監督調整する省庁間機構がないうえ、複数の省庁が共同で政策決定作業に加わることもあまりないし、関係する各省庁や地方自治体の間の意識が異なっているので、資源や観光開発と環境や生態系保護のような、ともすれば対立する問題についての調整は先送りになりがちである。漁業資源の管理には水産庁と地方自治体と漁業協同組合が複雑に関係し、海運や汚染には海上保安庁や環境省などが携わっているが、海の生態系や生物多様性の保全には行政の枠がはまらないので有効な対策がとられにくい。総合的な海洋政策の策定と行政機構の整備の必要性は海洋政策研究財団の「21世紀の海洋政策への提言」に盛りこまれている。[4]

　米国では、委員長の名前にちなんだストラットン委員会として知られている「海洋科学と工学および資源に関する委員会」が1966年に設立された。委員会は、1969年、それから先の30年間の海洋資源の開発に焦点を絞った米国の海洋政策をとりまとめ、「わが国と海：国家行動計画」という報告書を出した。2000年には海洋法（Ocean Act）として知られている新しい法令によって海洋政策審議会がつくられ、研究調査や開発とともに、環境保護や資源管理に備える新しい海および沿岸政策を進めるために問題点の再検討と助言を行い、2004年9月に最終報告

書「21世紀の海洋の青写真」をブッシュ大統領と議会に提出した。これに従い、大統領は同年12月に「米国海洋行動計画」を発表した。その中で、海および沿岸資源は、生態系を理解したうえで管理する必要があるという基本原則が示されている。

　米国でも海の行政を司る機関はいくつにも分かれている。沿岸3海里までの漁業資源の管理は州政府、3～200海里のEEZのそれは連邦政府の海洋漁業局（NMFS）が行い、海底油田掘削関係は内務省、潜水艦の活動水域は海軍、汚染は環境保護庁（EPA）と沿岸警備隊（USCG）が担当している。海洋環境を扱っている主要な機関は商務省の海洋大気庁（NOAA）である。その中のNMFSは、海産魚介類の資源や海産哺乳類の保存を担当する部局である。NOAAは、また、海洋保護区と湿地保護システムの設定やシーグラント計画（海の利用や保全に関する、市民に開かれた大学ベースの教育と研究プログラム）を担当し、多くの海洋研究調査を行って環境を監視し、生態系の状態を評価する業務に携わっている。同じNOAAの環境・衛星データ情報局には海洋データセンターがあって、生物資料を含む海洋データの収集管理にあたっている。EPAは、主に海水を含む水質管理に責任を持つ。財務省は、海洋環境の保全に影響する可能性があるプロジェクトへの資金の貸し付けの許認可権を持っているが、それらが生物多様性の保全にどれほど注意を払って行われているかは定かではない。

3. 生物多様性

　海の生物多様性の保全は、生物多様性全般にかかわりを持つ法規や機構の下で行われていて、海の生物だけに適用される条約などはほとんど存在しない。

3-a. 生物多様性条約

　生物多様性条約は、海の生態系が陸上のそれとは大きく異なっているにもかかわらず、それらをひとまとめに包括した条約である。しかしながら、この条約は海の遺伝的多様性と種の多様性および群集の多様性の保護にかかわる骨組みをつくった。1992年リオデジャネイロで作成され、翌年発効したこの条約の主な目的

は、"生物多様性の保全、その構成要素の持続的な利用及び遺伝資源を利用することから生じる利益の公正かつ衡平な配分"にある。

　条約の大部分は、ジーンバンクのような遺伝資源保全技術や遺伝子工学技術の発展途上国への移転に関するものである。これによって、途上国はその国に固有な遺伝資源の保護や維持を図ることができるし、遺伝資源についての知識は特許のように知的所有権として保障される。これらは海洋環境の保護や保全に直ちにかかわるものではないが、条約は各国の政策者に対して、生物多様性の保全や持続的な利用のための政策や計画を発展させ、それらをほかの政策の中に取りこむことを求めている。自然環境の中で種の個体群の健全な維持と保護管理の必要性が強調されており、条約締約国には、外来種の侵入を防止する義務があり、同時に、既に持ちこまれてしまった外来種については、それらを根絶したり、繁殖を抑制したりすることが求められている。しかしながら、棲みついてしまった外来種を除去するのは難しい。除去の方法によってはその場に育っているほかの種まで脅かす可能性があるだろうし、既に成立してしまった種間関係への影響を十分に評価せずに実施すれば、結果が裏目に出るおそれがあるだろう。条約は、また、遺伝子操作生物の利用やこれらが施設から逃げ出すことから発生する危険に対して規制と管理と防止を定めている。予防原則の立場からみると、そのような危険を冒すこと自体が問題であるが……。

　条約は絶滅が危惧される種や個体群を保護するための規制を除いて、種そのものよりも生態系の保全の必要性を強調している。当初、国際的に貴重な保護対象種や生息地を指定するリストを作成する予定だったが、開発の振興促進を望む途上国の反対で条文が削除された。しかし、条約締約国は、人間にとって経済的あるいはそのほかの価値を持つ種や生物多様性を高めているとみなされている種（絶滅危惧種が含まれているはず）を選び出して、その動向を調べることになっている。また、生物資源を利用することから生じる生物多様性への負の影響を最小限にするために、漁獲の規制と爆発物や毒物を使った違法な漁法（無報告、無許可漁業を含む）の禁止条項を採択している。

　生物多様性条約では、各締約国に対し、生物多様性に重大な悪影響をもたらしそうな事業計画には十分な環境評価を義務づけている。残念ながら、この義務は影響が重大と判定されないような低いハードルを設定すればどうにでもなる。署

名国はまた、生物多様性と自然環境の重要さをその計画と政策の中に盛りこむことが要求されている。しかしながら、これらのすべての責務は、先進国と途上国のような、財政事情と技術双方のレベルが異なる国々に「適切な」とか、「できるだけ」とかの緩やかな表現で提起されているから、あまり効果がないかもしれない。また、条約の前文で予防原則にかかわる記述がみられるが、「生物多様性が脅やかされていたり又はそうなりそうなとき、科学的な情報が足らないという理由で保護管理を遅らせてはならない」という言明のほかには、どのようにして脅威を未然に防げばよいかについてはほとんど何も書かれていない。

　結局、この条約の有効性は、どれほど当事国が環境問題に力を入れているかによるだろう。それはどのぐらい監視ができるかとか、途上国での実施にどのぐらい財政援助できるかによって決まる。現在までに日本を含む187の国と地域が生物多様性条約を締結した。米国は代表団を条約会議に送り、政治的討議に積極的に参加してその決定に影響を与えたにもかかわらず、未加入である。

3-b. 絶滅危惧種を保護するために

　生物多様性の保全には直接効果的ではないが、国に総合的な政策がない場合に見落とせないのは、特定の生物種を保護しようとするさまざまな条約や法律や政策の存在である。ある種を保護しようとすることはしばしばその種を支える生態系を保護することにつながり、生物多様性の保全が主要な目的ではなくても、結果として役立つかもしれない。しかしながら、絶滅危惧種やそれに準ずる種を助けようとするときには、ほとんどの場合、それらの種の生態系内での役割は終わってしまっている。そんな種でも生きているかぎりは種の多様性を高めることに貢献しているといえるが、生息数がかつての個体群密度のレベルに回復しないならば、機能的な多様性の維持にはならない。

　ワシントン条約の名で知られるCITESは、多くの国で実施に移され、世界的にかなりの成功を示した国際条約である。この条約は対象生物種を以下のように分類している。①絶滅危惧種——国際的な取引は全面的に禁止する。②生存が脅かされている種——取引は制限され、許可が必要とされる。③条約締約国のひとつが保護生物としている種——その国から許可なしに他国に輸出することは禁じる。このように条約では絶滅の可能性がある種の貿易は禁止または制限されてい

るが、特別な許可があれば取引が認められるいくつかの例外がある。

　この条約によって、確かに陸上生物の商業取引は減少したが、海洋生物についてはほとんど役立っていない。なぜなら海産種の多くは絶滅のおそれがあるかどうかを判断するのが難しいからである。これまで数種のサンゴとさんご礁の生きものが、そのほかの数種の魚や海鳥類やウミガメや海産哺乳類とともに商取引が禁止または許可を要する生物種リストに加えられたが、私たちの知見が十分でないため、海産の絶滅危惧種のすべてが加えられているわけではない。また、漁業対象種は今以上の漁獲圧が加えられれば絶滅のおそれがあっても、条約では対象にされていない。[5]

　1979年に合意された「移動性野生動物種の保全に関する条約」は、絶滅危惧種と生存が脅かされている種で複数国の間を往来するものを保護するためには各国の協力が必要であるということから生まれたものである。この条約では、複数国の領海とEEZをまたいで回遊する多くの海産種が対象になっているが、公海は含まれていない。また、CITESと似たやり方で絶滅危惧種のリストを発表しているが、これには、保護のための国際協力が必要とされる海産哺乳類とウミガメと海鳥類と海産魚類が含まれている。署名国は、絶滅危惧種を捕獲してはならないし、これらの種の棲み場を保護し、回復させる努力をしなければならない。また、各国はこれらの種に悪影響を与えそうな要因、例えば外来種の持ちこみを防止、抑制しなければならない。国際協力の必要がある種として記載されている種は、個体群を分けあう国家間の協定により保護され、好ましい海洋環境が与えられることになっている。日本政府はこの種の協定をいくつかの関係国との間で個別に交わしており、条約の目的を既に果たしているとして、これを批准していない。

　日本でも米国でも絶滅危惧種や生存を脅かされている種の保護のための法律は、開発業者だけでなく交通や建設にかかわる政策者にとても嫌われている。当然のことながらかれらの開発計画と保護のための法律はしばしば対立するからである。ほとんどの問題の原因になっているのは棲み場の保護に関するものである。

3-c. 外来種の侵入を防止するために

　船のバラスト水は海産種の侵入の大きな原因になるが、1991年にIMOの海洋環境保護委員会がバラスト水と汚泥の搬入による有害物質や病原体の侵入を防ぐ

国際的な指針を作成し、2004年には「船舶のバラスト水及び沈殿物の規制及び管理のための国際条約」ができた。国際海洋探査委員会（ICES）とFAOもまた、外来種の移入に関する規制を作成している。ICESによるものは養殖品種も含み、どんな外来種の移入も危険であるとしているが、FAOのそれは魚類についての規制のみである。

3-d. 海産哺乳類を保護するために

1946年に署名された「国際捕鯨取締協約」によって、国際捕鯨委員会（IWC）が設立された。IWCは、鯨類の生態や生活史に関する研究成果や捕鯨に直接または間接的に関連のある国際的な活動についての情報を提供し、捕獲数や大きさを制限し、いくつかの禁止事項を設け、捕獲具を特定してきた。もともと委員会の目的は、捕鯨産業の秩序ある発展のために鯨類の捕獲を制限することであった。しかしながら、参加国の資格制限がなかったので多くの非捕鯨国がIWCに加わり、まもなくそれらの非捕鯨国の方が捕鯨国の数より多くなった。

IWCの初期の努力は極端な失敗に終わった。そして、捕獲制限にもかかわらず、あらゆる大型鯨類の個体数は急落し続けた。捕獲制限数がとても高いところに設定されていたし、ソビエトをはじめ多くの国が違反をした。やがて、非捕鯨国の数が捕鯨国数を上回り、期間を定めない一時的な捕鯨禁止の決議に必要とされる賛成が得られるようになったが、いくつかの国は異議を唱え、日本とノルウェーは科学的調査のための捕鯨を合法として捕鯨を続けている。ノルウェーはミンククジラだけを対象にして商業捕鯨を再開した。ミンククジラは体長7〜8メートル小型のひげ鯨で、大型のひげ鯨類の雌が2〜3年に一度妊娠するのに比べて、毎年出産する。南極海におけるミンククジラ推定資源量は約76万頭であり、シロナガスクジラなどの大型種が減ったことによって豊富な餌料を得たミンククジラが、その短い妊娠周期も手伝って、近年飛躍的に増加したという説があって、この種は絶滅しないと考えているからだ。これらとは別に、北極地方や米国沿岸の一部で、伝統文化や生活のために捕鯨を必要とする先住民には捕鯨が許可されている。

現在のところIWCでの討議は、鯨の生息数の多寡に関係なく、モラトリアム（一時停止）を旗じるしにかかげる反捕鯨国主導の世論と政治が科学的な資源評

価を押しつぶす形で推移している。IWCの加盟国は約40カ国であるが、捕鯨規制に直接かかわる決定には加盟国数の4分の3の賛成が必要である。しかし、日本やノルウェーのような条件付捕鯨の再開を望む国と反捕鯨国との数は約半数ずつと接近しているので、このまま争いを続けていては国際合意にもとづく鯨類資源の管理はいつまでたっても望めない。アイスランドは、必要なときに捕鯨を行いたいということを表明してIWCを脱会した。一方、アイルランドは1997年に、新しい制度の下で限られた商業捕鯨を認めようという提案を行っている。その制度では、鯨類の保護区を設け、各国のEEZでは十分な調査を行ったあとでの沿岸捕鯨を認めるが、鯨の国外への販売は禁止する。そして科学的調査捕鯨は中止するというものである。しかし、まだ各国の合意には達していない。

　イルカ類のような小型の鯨類の捕獲は委員会の規制外であるが、日本などで相当数の小型鯨類が捕獲されているから、米国やほかのいくつかの国が規制するように圧力をかけている。

3-e. 世界の漁業の規制と管理

　公海の漁業資源についての「ストラドリング魚類資源及び高度回遊性魚類の保存及び管理に関する国連会議」は、アジェンダ21の所産として1993年から約100カ国が参加して交渉が始まり、1995年には「国連公海漁業実施協定」が採択された。これは公海での乱獲を防止し、減少しつつある資源を奪いあう国際的な漁獲競争の緊張を和らげようとするものである。協定は各国に公海での漁獲対象魚種の保存に配慮し、その持続的な利用を目指すこと、および資源の奪いあいを平和的におさめることを求めている。

　この協定は、特に世界の漁業資源の保存と管理の必要性を強調している。そしてこのための地域漁業組織の設立をよびかけている。保存と管理についての共通の基準がまだないから、持続的利用ができるかできないかといったことになると各国の利害が絡んで、解釈が大きく異なる場合があろう。そのためにも魚種や環境の特性を十分に考慮できる地域漁業組織に漁獲を制限し持続的漁業を遵守する責任をゆだねているのである。地域漁業組織は、漁獲量のデータを収集し、各国に漁獲割り当てを行う責務がある。そしてすべての漁船に対して承認させている保存管理制度を守らせる力を持つ。この協定では科学的データの不足と不確かさ

の理由から予防原則の必要性を明示し、"資源評価における不確実性をもって保存措置をとらない口実とはしない"としているが、特別の制限活動や基準は定めていない。加盟国の漁業資源保存と管理の措置は地域漁業組織にまかされているから、この法律が実行に移されたときの有効性は地域によって異なるだろう。日本政府は本協定の批准を、2006年、ようやく国会で承認した。

そのほかに、海洋環境と生物多様性の保全に焦点を当てている国連関係のイニシアティブには、1989年の拘束力のない国連総会決議44/225がある。これは、流し網漁業が原因の環境破壊の状況を一般の人びとが知るようになったことからおこった世界的な動きの結果であった。その決議は、1991年7月以後の公海での大型流し網（延長数キロメートル以上）の使用の一時停止を勧告した。それは拘束力がなかったけれども、国連総会での関心を集め、やがて、それまで流し網を使っていたほとんどすべての国が使用をやめた。このように、決議の目的は普通なら交渉と批准に数年かかる手続きを飛ばして達成された。南太平洋の各国の領海内では、別の条約によって長さ2.5キロメートル以上のすべての流し網の使用が禁止された。そして北太平洋でも米国、日本、カナダ、台湾、韓国が関係する3つの協定で、流し網漁業は全面的に禁止された。

FAOは、世界中の魚介類資源量と漁獲量の動向を監視している。このために、同機関は漁業管理のために用いる漁獲統計資料を各国から収集している。しかしながら、実際には、その資料は必ずしも正確で完全なものではない。国によってデータの信頼度には大きな差がある。しかし、それでもそれらの資料にもとづいてFAOは世界の漁業の実態を評価し、世界の漁場の70％では資源が激減しているか、または依然として乱獲からの回復途中であると発表している。

4. 海域の保護

生物多様性を保護するもうひとつの方法は、特別な地域を指定し、そこと周辺の生態系や環境を護ろうとするものである。

4-a.極域の海

　南極大陸に請求権を主張する国はあるが、大陸とそのまわりはどこの国の領土でもないから、はじめはそこで生物資源や非生物資源を開発利用するのは共通の権利として認められていた。しかしその後、その地域は共同の財産という捉え方で保護されるようになった。1959年に採択された「南極条約」は、南極大陸と南緯60度以南にある氷棚に適用され、大陸や周辺の海域での軍事演習や兵器の試験を禁じ、科学調査の振興を奨励している。

　もともとこの条約には、放射性廃棄物の処分禁止の条項を除いては環境についての規定はなかったのだが、関係国の中でそのような規定をつくることが提案され、激しい論争と交渉の後、マドリッド議定書が1991年に署名された。そして南極大陸は、自然保護域として平和と科学のために共同管理され、調査研究を進め、廃棄物管理を徹底し、生物相を保護し、海運を制限し、特別保護区や管理区を設けることなどが規定された。議定書には海域を含んだ南極保護区システムが含まれ、履行に関して必要な勧告を与える環境保護委員会が設けられている。南極大陸に棲む野生動物のほとんどは一時的に海で生活するので、この議定書は海の生物多様性の保全に役立つものといえる。

　しかし南極海の大部分は南極条約では扱われていない。もうひとつの条約は22カ国が加盟する「南極海洋生物資源保存委員会」（CCAMLR）によって1980年に取り決められ、1982年に発効した。これはいわゆる通常の漁業条約とは異なり、南極条約の動植物相保護の精神を継承したものである。海洋資源をすべての生きものを含むものとし、また、扱われている水域は生態系の特徴からの判断によるものであって、南極海の冷たい水が北からの暖かい水と出会う南極収束線以南のすべての海域と定義しているから、生態的条約としての機能も持つ。このようにCCAMLR条約は生態系の保存を基調としているが、資源の利用を妨げるものではない。近年、海域の有用魚種であるメロの資源量が低下し、条約が違法な漁獲をくい止める力を持っていないことが問題になっている。

　鯨やアザラシは、別に国際捕鯨条約や南極アザラシ条約で保護されている。CCAMLRには、南大洋での漁業や関係する活動にも適用されるいろいろな生物保護規定がある。その中では、持続的な資源の維持や漁獲対象種とほかの種との

間の相互関係が保たれるような漁獲方法の実施が義務づけられている。

　もうひとつの極域である北極域は、いろいろな国家に分割され、人間が住んでいる。そのため南極域と同じ方法で自然環境を護ることはできない。北極に対する包括的な環境条約はないが、最近では先住民のグループと領土を有する8カ国が組織する北極協議会で環境保全と地域研究を振興させるための協力が進んでいる。これは北極環境保護戦略（AEPS）とよばれ、環境モニタリング、アセスメント、環境緊急対策、動植物の保全および海洋環境の保全などの国際計画が、1991年に採択された。この戦略に沿っていろいろな小委員会が設置されたが、その中には、北極域監視調査計画（AMAP）や北極海洋環境保護のためのワーキンググループがある。

4-b. 地域海計画

　UNEPは、環境の特徴に沿って海域を区分し、各海域で、海洋汚染の制御、資源の管理、生物とその生息環境の保存についての枠組み協定にもとづいて行動計画を策定し、海域単位での環境保護活動を通して全地球的な海の環境の保護保全につなげる「地域海計画」を提唱している。計画の内容は、海域ごとに関係国間で話し合って決められ、実施に移すための議定書がつくられることになっている。

　現在そのような海域はUNEPの区分以外のものも含めると、地中海、黒海、クェート（ペルシャ湾）、西および中央アフリカ、東アフリカ、東南アジア、東アジアなどの沿海、南東太平洋、紅海とアデン湾、南太平洋、南西大西洋、カリブ海、バルト海、北大西洋など17あり、140を超える国や地域によって計画が策定済みまたは策定中である。

　目標は高く、まずいくつかの海域に焦点を合わせて環境問題、特に汚染の減少や自然環境と海洋生物を保存する必要に対して包括的に取り組み、それぞれの海域の協定を通して保全への責任を明確にして、やがては地球上のすべての沿岸環境を保護しようという考えである。しかし残念なことに、各海域に対するUNEPからの直接的な財政支援は少なく、多くの場合は加盟国の援助のみに頼っているため、活動のための資金が不足している。これまで、4つの海域では海域と海洋生物を保護するための議定書ができており、3つの海域には陸上からの物質による海洋汚染の防止に関する議定書がある。

4-c. 海洋保護区

　生物多様性条約の締約国会議では、海洋保護区（MPA）の設立が議題にのぼっている。現在、保護が必要とされる水域や生息地は、普通、ひとつの国が管轄できるような大きさであり、保護するかどうか、また、どのように保護するかはその国次第である。最も大きく、最もよく知られているMPAは、オーストラリアのグレートバリアリーフ海洋公園である。さんご礁を持つ国々にさんご礁を護る国際的な法的責務はないが、UNEPやIUCNや国際水産資源管理センター（ICLARM）やユネスコの政府間海洋学委員会（IOC）など多くの国際機関は、さんご礁保護の重要性を訴え、さんご礁問題に関する啓蒙や保護事業を進めている。

　1994年に開催された第1回の生物多様性条約締約国会議で、さんご礁と関連の生態系（マングローブ林や海草藻場）の世界的な衰退に歯止めをかけ、健全な状態に回復させることを目的に、国際さんご礁イニシアティブ（ICRI）の設立が発表された。現在、米国、日本、オーストラリアなどの国々や国際開発銀行、環境関係のNGO、そのほか民間機関が参加している。ICRIの組織のひとつに地球規模さんご礁モニタリングネットワーク（GCRMN）がある。ネットワークは17の水域に分けられており、それぞれの場所で関係の組織と政府、あるいは科学者の協力によって、さんご礁の状況に関するデータを集め、その生態系の保全方法を検討し、実行に移している。活動の内容には、地域の市民に対する啓蒙が含まれている。

　ユネスコは、世界各地の代表的な生態系の保護活動をつなぐネットワークである「人間と生物圏計画」（MAB）を進めている。保護区の設定にあたっては、人間の経済活動との折り合いを考える必要があるので、際限なく保護区を増やすわけにはいかない。持続可能な利用と生物多様性の保全を両立させるために、MABは理想的なモデルとして、中心ゾーンに、人間の出入りを最小限にして、研究を含めいかなる利用も行わない厳密な自然保護区があり、そのまわりに、研究、教育、エコツアーなど、保護をしながら自然とのふれあいを楽しむ国立公園のような緩衝地帯を置いて、保護区の目的と合致するような使い方を提案しているが、実際には、どこの保護区もモデルのようには実施されていない。特に沿岸

や外洋の地域ではそうである(6)。

　1972年の総会でユネスコは、世界遺産条約を採択した。条約は世界のすぐれて普遍的な価値を持つ文化ならびに自然遺産を認定し、国際協力のもとで保護することを求めている。2005年現在、180の国と地域が締約国となり、約160の自然遺産が登録されている。この中にはグレートバリアリーフやシャーク湾（西オーストラリア）やツバタハリーフ（フィリピン）のような海洋公園も含まれている。2005年に、カリフォルニア湾やコイバ海洋公園（パナマ）などとともに登録が決まった日本の知床でも、沿岸から3キロメートル以内の海域を保護することになっている。しかし、そこでは海域の保護と活発な漁業活動との調整がまだなされておらず、世界遺産委員会の公式諮問機関であるIUCNなどからも陸域と海域を含めた総合的な管理計画の欠如が指摘されている。今後も100以上もある治水ダムや砂防ダムなど、サケが産卵のために溯れない既存の河川工作物の撤去などをめぐって世界の厳しい目に曝されるだろうが、修復できるところは元に戻して、真の世界遺産の姿を示してほしい。人間との共生というきれいな言葉でごまかして、地元の予算獲得と観光客の増加を期待するような人たちに流されれば、それこそ自然破壊のための遺産登録になる。

　最後に、湿地の保全を目的につくられたラムサール条約について述べる。この条約は、環境保全の観点からつくられた多国間環境条約の中では先駆的な存在で、特に水鳥の生息地として国際的に重要な湿地とそこに棲む動植物の保全を促し、湿地の賢明な利用を進めることを目的として、1971年、イランのラムサールで開催された「湿地及び水鳥の保全のための国際会議」で成立した。ちなみに、条文に出てくる「賢明な利用（wise use）」という概念は、現在では広く用いられるようになった「持続可能な利用（sustainable use）」のもとになったものである。

　ラムサール条約は湿地を厳格な保護地域として、人の立ち入りを規制することを求めているわけではない。条約の基本原則は湿地の"賢明な"利用である。条約に加入した146の締約国（2005年現在）は、自国の領域内にある国際的に重要な湿地をひとつ以上指定する。そして湿地が条約のリストに登録されると、その国はその湿原の保全と適正な利用・管理を進め、3年に一度開かれる締約国会議で保全状況を報告する義務がある。1999年の第7回締約国会議で、ラムサール条約は、それまで水鳥や希少動植物の種類や数を重視することから登録基準を大き

く転換して、生物や地理的な区分で地域を代表する湿地や、生きものの避難地となる湿地を含むように拡大し、生物多様性を重視する内容になった。そして世界の登録湿地を2000カ所以上に増加することが決められた。この条約は、沿岸に沿った海域の生態系の機能や作用を保護するためにも有効である。

現在、日本のそのような登録湿地（干潟）には厚岸湖・別寒辺牛湿地（北海道）、谷津干潟（千葉県）、藤前干潟（愛知県）、串本沿岸海域（和歌山県）、中海（鳥取県・島根県）、宍道湖（島根県）、漫湖、慶良間列島海域、名蔵アンパル（沖縄県）の9カ所がある。

4-d. 日本と米国の水域保護と管理

日本の「海中公園」は国立公園または国定公園の区域にあって、海中景観の優れた海域が選定基準になっている。現在64地区142カ所、全2754ヘクタールが指定されているが、それぞれの面積はきわめて小さく、一番大きい小笠原海中公園（7カ所指定）でも総面積463ヘクタールで、そのほかの多くは20ヘクタール以下である。カリフォルニア州のモントレー湾国立海洋サンクチュアリの広さが137万2700ヘクタールであるのに比べると何とも小さい。したがって、限られた景観の保護はできても、生態系の保護や生物多様性の保全をはかることは残念ながら難しい。指定区域の中でも漁業活動は認められており、公園の指定は単に観光振興のためだけといった見方さえされている。公園管理の主管当局である環境省は、欧米諸国の国立公園制度とかけ離れ、特に国有地以外の指定地域では"制約なし"とまでみられるわが国の国立公園のあり方をユネスコ自然遺産の登録や自然再生推進法の制定を機に見直そうとしているようだが、自らは土地の所有権や管理権がなく、陸上では地権者、海では漁業協同組合の協力が必要なためにハードルは高い。

2003年に日本政府は、過去に損なわれた生態系その他の自然環境を取り戻すことを目的とした「自然再生推進法」を施行した。この法律は、行政機関、地域住民、NGO、専門家など、地域の多様な主体の参加によって自然再生事業を行い、河川、湿原、干潟、藻場、里山、里地、森林、さんご礁などの自然環境を保全、再生、創出、または維持管理することを求めている。基本理念は、自然再生事業を行う地域で、その自然環境の特性を調べ、自然の回復力に期待して整備を行い、

これによって、その地域の生態系の質を高め、ひいては、生物多様性を回復していくというものだ。人為的な構造物を用いての修復作業より、回復の条件づくりが事業の目指すところであるが、慢性的なストレスの原因であるいろいろな人間活動を、時間をかけてでも、どのように減らしていくのだろうか。この法律の意義は言葉や事業の実施ではなく、結果で評価されよう。

　米国では1972年に「海洋保護・調査及びサンクチュアリ法」が制定された（1992年の改正の際「海洋サンクチュアリ法」と改名）。同法の目的は、資源や、そのほかのことでも保存や利用価値がある重要な海域を指定して管理や規制をし、科学的調査や監視を行い、人びとの教育啓蒙の場にし、複合的な利用をはかることである。NOAAはこの事業の中で、計画に沿って、国立海洋サンクチュアリの指定や規制や管理活動を管轄している。国立海洋サンクチュアリには米国の海岸で生物多様性が最も豊かな場所とされるモントレー湾国立海洋サンクチュアリをはじめ、現在13カ所あり、さらに数カ所が候補にあがっている。その多くは生物的重要性のために指定され、近頃では、より大きな地域が指定を受けているのが特色である。

　どこでもMPAは沿岸の統合管理と有効利用を試す場所である。米国の国立海洋サンクチュアリは関係する州の協力がなくては管理できないが、指定区域内の人間活動を規制することに賛成しない州が多いことが最も大きな脅威になっている。例えば、フロリダ・キーズ国立海洋サンクチュアリは、宅地開発やスポーツフィッシングによって危険にさらされている。こうした問題を背景に、2005年に米国海洋保護区諮問委員会は、商務省および内務省に対して、海洋サンクチュアリの全国システムの確立とその管理に関する勧告を行った。

　もうひとつの米国沿岸域管理の法規は1972年に制定された沿岸域管理法（CZMA）である。これは沿岸各州にその州の沿岸利用に一定の調整規則を設けることを勧告するもので、価値のある自然環境や貴重な生物の生息地を含む保護地域や、洪水の際の水たまりになる氾濫原のような防災のために必要な場所や地下水面の涵養場所などを登録し、それらを国の法律に合致した州の土地利用規制によって保護するべきであるとしている。その結果、多くの州が、沿岸域管理計画をつくり、連邦政府はこれを認可した。連邦政府はまた、残った天然の干潟を保存するために必要な土地を購入する資金を提供している。

5. 海洋汚染

　海洋汚染の制御と排除は海の生物多様性にとって必要不可欠で、既述のように、保護水域の管理や「地域海計画」や統合沿岸域管理の重要な要素である。これらは当然いくつもの国際条約や国内法で規制の対象になっている。

5-a. 海上からの汚染

　ロンドン廃棄物条約（LC72）は、陸上から出された廃棄物を海に処理する問題を扱っている。1972年に発効したこの条約では、「ブラックリスト」（付属書Ⅰ）に載っている一定の汚染物質を多量に含む廃棄物の海洋投棄を禁じている。「グレーリスト」（付属書Ⅱ）に載っている物質を含んだ廃棄物は、その国の監督官庁が海洋環境に脅威とはならないと判断し、特別な許可を与えたときのみ許される。

　含まれている物質がリストに載っていない場合でも、廃棄には一般的な許可が必要である。工場廃棄物や下水汚泥や、船上や荷船の上で焼却された廃棄物や、投棄目的で海に運ばれるそのほかの廃棄物と物質の投棄は、はじめ一定の規制の下で許されていた。締約国は、海に投棄される廃棄物の禁止項目を、何年にもわたって増やしてきた。例えば、低レベル放射能廃棄物（高レベル放射能を持つ物質は、はじめからブラックリストに載っている）や海上で焼却された廃棄物や工場廃棄物が新たに追加された廃棄禁止物である。

　条約の中で、まだ廃棄が許されている潜在的な汚染廃棄物は浚渫物質と下水汚泥である。条約がきわめて厳しいものになった時点で投棄（dumping）という言葉がなくなった。この条約の締約国が、はじめ「投棄者クラブ」とよばれたことに神経質になったからである。現在、海上起因の海の汚染は全体の20％以下であるが、この条約は汚染をそこまで減少させるうえで有効だった。この条約が成功したのは、国際的に大きな権限を持つIMOが条約づくりに加わったことによる。条約の協議は独立したものだが、IMO事務局が面倒をみている。いくつかの環境NGO、特に、「国際グリーンピース」が、この条約の普及の手助けをした。[7]

　船舶による汚染を防ぐ条約がもうひとつある。それはMARPOL73/78である。

この条約は、油の漏出や、積荷や廃棄物の海上への意図的な投棄を規制している。この条約には、委員会で分類された5つの汚染物質に関する付帯事項が設けられている。それらは、①油汚染物質、②液状の有害物質の積荷、③梱包された危険物、④下水汚物、⑤非分解性のプラスチックやごみ、である。油性の廃棄物や下水汚物やごみの廃棄は制限され、有害な積荷には紛失にそなえた特別な予防措置をとらなくてはならない。また、プラスチック類の投棄は禁じられている。IMOの海洋環境保護委員会はMARPOL73/78の諸問題に対して助言を与えている。IMOはまた、すべての港に廃棄物の収集設備を設置させた。

GESAMPはいくつかの国連機関が共同して設立したものだ。これは、国連諸機関の加盟国に対して海洋汚染に関する法律の取り扱いや疑問に助言を与える専門家(主に科学者)の集まりである。この専門家会議は小委員会の中にワーキンググループをつくり、そこでの討議についての報告書を作成している。[8]

米国の「石油汚染法」は、アラスカのプリンスウィリアム海峡で発生した悪名高いエクソンヴァルデス号の石油漏出事故をきっかけに、1990年に制定された。それには、石油漏出に対する厳しい責任を規定しており、浄化への素早い対策とすみやかな被害補償が指示されている。この議定書の目的は、石油会社側に大きな責任と金銭的な補償を求め、そのことによって将来の石油漏れ事故の発生をより少なくしようとするものである。また、2005年に至って、EUは船舶起源の海洋汚染に対して、沿岸域であれ公海上であれ、きびしい罰則規定を含む政策で統一的に対処することを決めている。

5-b. 陸上からの汚染

海洋汚染の約80%は陸上での人間活動が原因である。陸上起因の海洋汚染に対しては地域的な海洋協定はあるが、地球規模の包括的なものはない。しかし、2-bで述べた「陸上活動から海洋環境を保護するための全世界行動計画」は、陸からの汚染を縮小するために国家的、地域的、国際的なレベルでの多くの行動を求めている。その中で最も重要な国際級の動きは、1998年に始まった「残留性有機汚染物質(POPs)の製造や使用に関する条約会議」の開催である。この会議では、普通に使われてきた12種のPOPsの製造と使用の禁止が勧告されている。

現在、POPsの国家間の移動問題に関して2つの条約がある。ひとつは1989年の

「バーゼル条約」で、有毒廃棄物の国境を越えた移動や、経済協力開発機構（OECD）加盟国から非加盟国へ（即ち先進国から途上国へ）の有毒廃棄物の処理や循環を目的とした移送の禁止を決めている。もうひとつは1979年、北半球の先進国により採択された「長距離大気汚染協定」（LRTAP）である。これは大気中への有毒物質の排出量を減少させるためのもので、硫黄の排出や揮発性の高い有機化合物や窒素酸化物やPOPsについてそれぞれの議定書がつくられている。

6. 開発支援事業と貿易

　環境保全に関する財政制度についての詳細な記述は本書の目指すところではないが、少なくとも、その政策は地球環境全体と海の生物多様性にきわめて大きい影響を与えていることを指摘しておきたい。世界銀行や米州開発銀行やアジア開発銀行といった国際的な開発銀行は、先進国からの資金を途上国の特別な事業計画のために融資している。これに関係しているすべての国々は、それぞれの銀行のメンバーであり、資金を拠出している裕福な国々の政府は、融資を決定する議会に代表者を送っている。論理的には、借りたい国が事業計画を提示することになっているが、実際には、資金の提供側が、どんなタイプの計画に対して資金を提供するのかを発表している。

　このような開発銀行や日本の国際協力機構（JICA）や米国国際開発庁（AID）といった先進国の開発支援機関は途上国の開発計画に無償あるいは有償で資金を供給する活動のなかで、これまでしばしば深刻な環境破壊や生態系の悪化を引きおこした。そのような事業を糾弾するいくつかの環境NGOの活動と民衆の激しい抗議によって、これらの開発支援機関はやがて、組織内に環境部門を設置するようになり、現在では事業計画の中に環境基準を設けて環境保全第一を標榜している。しかし、実際には完全に望ましい方向に変わったとはまだいえない。関係国は環境を脅かすことになるかもしれない事業計画を監視し、これに異議をはさめるシステムをつくることに、もっと大きな関心を持つべきである。

　しばしば問題をおこすこれらの開発支援計画にみられる一般的な傾向は、すごく金のかかるダムや下水処理施設の建設といった、大規模でしかも高度の技術を

要する事業を優先してしまうことである。小さな事業ですむものを大きい事業にしてしまうのは、大きな金額が動く事業の方が利益が大きい（支援側だけではない）からである。しかし、例えば、し尿処理の場合、処理プラントをつくるよりは干潟を整備したりコンポスト型トイレを供給したりする方が、水の使用量を抑え、汚水を効率的に処理できる。そのうえ、廃棄物はそれぞれの発生源で処理する方が手がかからないのに、大型焼却炉が完成したら何でもかんでも持ちこまれやすいし、下水処理施設が建設されたら産業汚水までを下水道に投入することが奨励されやすい。

　環境悪化につながるもうひとつの傾向は、事業が途上国の民衆の個人生活レベルを向上させることより、むしろ経済の発展と国際貿易を増加させることを奨励するものであることである。その国の飢えた人びとに食糧を供給するよりも、えびや高級魚を育てて国際市場に売り出すための養殖事業に対する支援がその例だ。しかも沿岸の海面養殖業は環境汚染などの問題が多く、そのために生物多様性はひどく脅かされている。

　これらとは別に、途上国の環境に有益な事業計画だけに焦点を当てた国際資金供給機構がある。これは地球環境ファシリティ（GEF）とよばれるもので、UNDPやUNEPや世界銀行が提携して1991年にできたものである。それは資金の貸し付けというよりは交付という形で、4つの重要な地球環境領域、即ち生物多様性、気候変動、オゾン層の減少、公海管理に役立つ事業に使われている。GEFは、生物多様性条約会議への主要な資金供給組織である。どこの政府でもメンバーとして政策づくりや管理に参加でき、裕福な国には資金提供が望まれている。優先順位の高い課題には、陸上活動に起因する海洋汚染の制御、海洋汚染につながる陸地開発の制御、海域の環境悪化の防止、水産生物の乱獲と過剰利用の制御、船舶由来の化学汚染と外来種の侵入阻止などがあげられている。著者のひとりは現在、GEF／世界銀行プロジェクトであるさんご礁修復ワーキンググループに参加して、国際共同研究と途上国の人材育成にあたっている。

　国際的な貿易協定は、しばしば商業活動が種や生態系に与える悪影響を除こうとして設けられた米国の国内法と衝突してきた。関税と貿易の一般協定（GATT）と北アメリカ自由貿易協定（NAFTA）の2つの大きな国際貿易協定を例にあげると、米国国内法との矛盾が浮き彫りになる。米国ではイルカを危険にさらすよ

うな方法で漁獲されたマグロは輸入禁止となっているが、GATTはこれを不公平な貿易業務と位置づける。3-eで述べた地域漁業組織でのいろいろな取り決めも、世界貿易機関（WTO）に持ちこまれると整合性の問題が出てくる可能性がある。そこで米国は、国際的な貿易協定の中に加盟国の環境保護に関する国内法を遵守するような条項を入れるべきであると主張している。(9)

7. 非政府組織の役割

　持続的発展や生物多様性の保全に好ましい計画や法律や政策を求めて、多くの環境NGOは草の根レベルで、国家レベルで、そして国際的レベルで長い戦いをしてきた。その活動はやがて国内だけでなく国際的な政策をも変えるまでになっている。米国国務省の地球問題担当次官のワース（T.Wirth）は"人間の欲求と、すべてのいのちを支える惑星の許容量との間の公正で持続的なバランス"を求めて活動するNGOの役割を、次のように述べている。「UNCEDの英雄は各国政府ではなく、会議の議題を決め、アジェンダ21の文書をつくった世界中のNGOであった。この注目すべき文書はかれらの仕事なしにはできなかっただろう。(10)」

　これらのNGOの主な働きは、①市民と官僚の教育啓蒙、②政策の分析、③効果的な保護政策や法律や国際的な合意を獲得するための市民運動、④環境保護に関する法律や合意事項の履行を市民に代わって監視すること、などである。海の生物多様性の場合、今やNGOによる教育と啓蒙活動は、法律の履行や関連条約の交渉を円滑に進めるために不可欠といえよう。

　環境NGOのいくつかは、生物多様性や漁業や養殖事業や海洋汚染や沿岸開発に関する貴重な調査結果を政策者に提供している。そして、いくつかの国ではこれらの報告を最も責任あるものとして政策立案の際の参考にしている。また、いくつもの国の政府に対して、環境全般、特に海の生物多様性に関する政策や法律の変更を積極的に求め、そうすることによって環境政策を保全と持続的発展へ向けようと努力している。

　しかしNGOの目標が完全に達成されることはそう多くない。よい政策と法律がつくられても、その実施を監視するNGOの仕事は終わらない。なぜなら、産

業界には常に抵抗があるし、主務官庁や官僚にはしばしば新しい法規の運用に積極的でなかったり、実施を遅らせたりする傾向があるからだ。深刻な生態系の悪化がおきている海に暮らす漁業者や沿岸に住んでいる市民の草の根グループは、数値だけで物事を判断する傾向のある研究者や政策担当者より現場の様子を目で確かめているから、環境保全戦略を見守るうえでは国や国際的組織と同じぐらいか、それ以上に重要である。

　最も大きな環境関連の国際NGOには、世界自然保護基金（WWF）や「国際グリーンピース」や「地球の友インターナショナル」などがあり、それぞれが関係のある条約会議や国際機関の会合にオブザーバーを参加させている。政府とNGOの中間には、その両方が会員となっている独立した組織のIUCNがある。この組織は考え方が穏やかなことから、国際的な問題に影響を与えやすい。IUCNは、その考えの声明や出版や国際的なフォーラムへの参加を通じて生物多様性の保全を進めている。

　成熟した市民社会では、このように、NGOの働きは官僚と市民をつなぎ、市民の関心を国際交渉の世界に持ち上げるまでに成長している。

第8章

私たちの役割
生物多様性と生態系は護れるか

マッコウクジラとダイオウイカ
(サウスジョージア、1963)

自然環境がよく保たれ、生きものの棲み場が多様であればあるほど、その場に適応した多くの種類が棲む。この生物群集の構成は、自然による攪乱がおきてもそう簡単には崩壊しない。ある種が少なくなってもそれに取って代わる種が出てきて、食物連鎖を通じて物質の円滑な循環が維持され、生態系は安定に保たれる。しかし、人間活動のために生物多様性が低下すると、生態系は自己修復作用を失い、物質循環は妨げられて環境は悪化し、回復が困難になる。長い地球の歴史がつくった健全な海の生態系はさまざまないのちに満ち、そして復元力のある世界である。生態系が悪化したことに気づいてから手を加えていたのでは手遅れだ。それでは不可能に近い大変な修復を要することになる。

　地球の生物多様性への脅威がさまざまな局面から示されているにもかかわらず、いまだに人間はそのいのちを支えてくれる陸と海という自分自身の生態系に対して、あたかも自分が生態系の外にいるように振る舞い、欲望を満たすために利用し続けている。それをやめるために生活を変えることを約束するような幅広い倫理観はできあがっていない。環境を護り生物多様性の低下を止めようとする努力は傷口への応急処置といったようなもので、人間は自然に対して常に新しい傷をつけ続けている。「地球を救おう」とか「環境にやさしい」などという行動や商品は人びとの環境問題への意識を高める意義はあっても、実際は自然に対して"少しまし"という程度である。よく知られた環境商品でも、宣伝に必要なコストを含めると、本当に環境や地球にやさしいかどうかは疑問だ。

　人間が快適な生活をするうえで、産業活動や資源開発が重要であることはいうまでもない。しかし一方で、地球上に存在する多様な生物相の保護や保全が長い目でみた人間の生活を豊かにすることも論を待たない。地球上のいのちを護り、そして自分自身を護ることができるのは人間の姿勢次第だ。そうした意味において、人間活動は、その利益が多様な生物相を損なった場合の不利益を補える範囲に制限するべきである。現実問題としてどこまでならよいかを科学的に評価し、予測することはきわめて難しいが、それでも多様な生きものをはぐくむ自然の恵みに感謝し、人間による局所的な改変は、その影響がほかの生態系ひいては地球全体に波及しないものに限ることと、生活をもっと豊かにしたいという願いが裏目に出て子孫に誤りのつけを残さないようにこころを配ることは、私たちに課せられた義務である。

生態系のシステムは複雑だが、実にすばらしい均衡を保ち、絶妙なバランスで機能している。それは人間がつくったり制御したりできるものではない。私たちにはもっと自然を大切にするという倫理観と健全な海を護るという責任感が求められている。すべてを破壊してから、いのちの消えた世界で孤独を感じる前に穏やかさを取り戻さねばならない。それには、強いリーダーシップと理念が必要である。うまくいけば、真のリーダーたちが市民の中からでてきて、かれらの言葉から新しい倫理観が生まれ、非政府組織（NGOs）や非営利活動団体（NPOs）の活動がインターネット社会を通して大きな組織に成長して、世界中の人びとが行動をおこすかもしれない。宇宙船地球号を崩壊させてはならないという共通の思いはあるのだから、今、必要なことは、未来に向かっての実践に参加することである。人びとが今日の生活を変えないかぎり、海のいのちは護れないだろうし、悪化した環境からの反作用は、環境的にも、経済的にも、地球と人類に取り返しのつかない不毛をもたらすだろう。本書の内容は、海の生物多様性に焦点を絞っているが、地球上のすべてのいのちに適用できる。

1. このままでは危ない

　わずかであるが、世界的規模で生物多様性が失われることの重大さに気づいている科学者たちがいる。かれらは「現在の地球規模の環境変化は、種の構成とその多様性に影響を与え、生命圏の機能を変える程に深刻である」と市民に対して警告し続けてきた。その結果、「地球を護るためにあなたができる10の事柄」や「4つのR、即ちRefuse（無駄を断る）、Reduce（減らす）、Reuse（再利用）、Recycle（再循環）を取り入れよう」のようなアピールがあちこちでつくられた。環境汚染の多くが小さな無数の行為の積み重ねから生じているので、それらのアピールは人びとが自分自身の行動に対して責任を持つことがいかに重要であるかを説いている。確かにごみの分別や油を海や川に流さないことや洗剤の選択や省エネ生活を心がけることなど、ひとりひとりの気配りが海の環境保全や生きものの保存には大きな力となる。しかしながら、今は、それ以上のことが必要なのだ。地球の生態系と生物多様性を護るために、私たちは今日の状況の重大さを正確に

認識したうえで、新しい生活方法を模索し、経済成長をほかのどんな価値よりも優先させてきた価値体系や社会システムの変更を成し遂げなければならない。民衆の多くが欧米の資本主義社会の生産・流通・消費システムに染まり、政治がポピュリズムにはしり、経済が市場原理主義のままに放置されているかぎり、環境問題や生物多様性は人類が崖っぷちに追いこまれるまでうやむやになってしまうだろう。そのことを著者は恐れている。

ひとつの生態系の悪化がより大きい地球規模の環境変化につながり、やがては人間やほかの生きものが生き続けるために必要な自然環境が失われてしまうかもしれないというおそれは、万人が感じている。しかし、生物多様性の低下は、しばしば、政治家や企業家からは、避けることはできないけれど、そのうちに直すことができる公害問題や核拡散問題や経済問題と同じようなものとみられてしまっている。確かにこれまで私たちが直面したいくつかの問題は2～3世代の間に、またはもし本当に必要と感じられたら、それよりも短い期間に解決されてきたから、「これから来る人たちの技術と英知に期待する」というような無責任な言葉が通用した。しかし、種の絶滅や生物多様性の悪化はそれらとは本質的に違うのだ。人間は自然を創造できない。人びとはそのことをまだ真剣に考えていない。

さらに、政策に携わる人たちは、生物多様性の低下の結果が政治に十分に影響を持つ富裕な人びとの健康や経済に何か問題をもたらさないかぎり、真剣に動こうとしない。先の米国の大統領選挙でも、ブッシュ現大統領もケリー候補も環境問題についてはほとんど触れなかった。テレビや新聞などのマスコミも環境問題には無関心だった。選挙民の関心が環境問題よりモラル問題や経済やテロの脅威にあったためであるが、平均的な米国社会は世界規模での環境問題には無関心であることの反映のように映る。実際、先進国の人びとは技術力によって自然の脅威から護られている。少なくとも、自分たちは護られていると思っている。しかし、他方に自然に依存して生活している人びと——多くの先住民や零細漁民など——がいることを忘れてはならない。そのような人びとは、自然環境の悪化の影響をはやくから受けながら、その結果の恐ろしさをもう取り返しのつかない時点で知らされるのだ。

環境保護や生物多様性の保全は、価値観と社会システムの変更や倫理観や使命感の高揚などなしには実現不可能である。本当はそのための合意形成や法制の整

備のほうが科学や技術の役割より大きい。それでも科学者は有効な討議や合意形成のための問題の提示ができるし、ある程度は保全や修復のための技術を提供できる。さらに、保護保全への理解を広げるために危機の実態を社会に知らせるという役割もあるだろう。

科学技術が飛躍的な発展を遂げた今日、科学者はいろいろな発見や発明を発表して成果を誇ってきたが、生態系や生物多様性には未解明の問題が多い。本当はそのこともわかりやすく説明しなければならないのだが、正確な実験方法によって仮説を検証し、事象を解明するように訓練されてきた科学者は、わかっていないことや根拠の乏しい事柄については口を閉ざしてしまう。

しかし、実証されない作業仮説でも経験的に把握している事例を列挙し、さまざまな傍証から推定できることがあったら、専門的な知識に触れ、情報を多く持っている科学者はためらわずに発言するべきである。生物多様性は悪化してしまってから何とかしようとしても手遅れである。放っておいてはいけないという率直で勇気のあるかれらの警鐘がもっとほしい。そしてその警鐘が政策決定の中にもっと生かされるようなシステムがほしいと思う。

自然の生態系の危険に注意を払わない政治家や官僚たちの思考を変えるために、何人かの科学者は経済学者と一緒になって、「自然のサービス」の経済的価値を計算した。それによって、生態系を保護することと種とその棲み場を保存することがいかに重要であるかを、政策にかかわる人たちにある程度認識させることができるようになった。長い間、市民と政治家の関心を喚起できなかった人たちは、生きている自然のサービスを金額で表せて大変喜んでいる。とはいうものの、倫理や精神的価値を考慮に入れずに自然を経済的、科学的に数量化し、それにもとづいていろいろな決定を下すことは多分正しくないだろう。

古来、日本人は海にも森にも泉にも神が宿ると信じ、祖先から与えられた恵みに感謝して暮らしてきた。この日本の自然崇拝の宗教観は禅僧山田無文（1900-1988）の和歌「大いなるものにいだかれあることを、けさふく風のすずしさに知る」に象徴されている。人間はひとりではない。孤独ではない。大いなる自然が片時も離れず自分を守り育ててくれている。このように、人びとは空気の流れにさえ、すべての恵みが大自然から与えられていることを感じてそれを敬い、自然と調和して生きてきた。日本人にとって自然は神である。西洋やイスラムの世界

の自然観とは全く異質の、この精神文化こそ、地球と生きものを護るキーワードになるのではないだろうか。

　ウィルソン（E.O.Wilson）は、環境保護に近づく道すじを次のように描写している。「重要な問題についてあまりわかっていないとき、人びとの疑問は、ほとんど変わることのない倫理観からのものである。そしてだんだんわかってくるにつれ、人びとは情報と知識に関心を移す。そして最後に、十分満足のゆく理解が得られたとき、人びとの疑問には再び倫理観が戻ってくる。環境保護主義は現在第1段階から第2段階の過程にあるが、やがては望ましい第3段階へ移行するだろう[2]。」

　科学的根拠によって支配されている現在の政策決定段階から倫理観を持つ第3段階——即ち科学は情報を与えるが決定はしない——へ発展させるために、もう少し何かが必要である。環境保護主義の倫理的段階への道程はまだ長く、おそらくウィルソンが考えたよりも時間がかかるであろう。しかし、その展開への希望を捨ててはならない。

2. 保護・保全への道

　生物多様性に関する国際会議などでは、環境問題のような、目前の経済的利益が見こまれにくい分野は、産業界のロビー活動に押されて有効な政策の立案ができないとか、政策はあっても実際に遂行されていないなどの報告がしばしばなされる。しかし、生物多様性を含む地球環境問題は人間の生存の根本にもかかわるものである。これだけ科学が大幅に進歩した今日に至ってなお、生態系や生物多様性には未解明の問題が多く、何がおきるかは明らかではないが、地球に生物が誕生してから38億年を経て、人間は今、自らの将来を決める鍵を与えられてしまった。先進国に今日のような豊かな暮らしと長寿が保証されるようになったのは、とりもなおさず自然環境を破壊して、生産性を奪い、資源を欲するまでに費やしてきたからだ。目先の直接的利益のさらなる追求は、将来の大きい損失につながる。そうならないための予防がなければならない。

　生物多様性の保全と環境保護のための最良の道すじは、基本理念としての予防

原則をもっと確実に政策の中に植えつけることであろう。この理念は、ある人間活動が生態系を損なう確かなおそれが認められるときには、人間が長い歴史から学んだ伝統的、経験的な知識を含むあらゆる情報をもとに解析し、そのうえで原因と結果の関係が科学的に十分に証明されていない場合でも、予防措置を講じるべきであるというものである。

　この考えは、先に触れたアジェンダ21や生物多様性条約やロンドン廃棄物条約や国連公海漁業実施協定などの中に含まれている。しかしながら、実際のところ、これらの条約はいまだにこの理念にもとづいては十分に実行されていない。予防原則を拘束力のある規範や法のルールに組みこんで実施すれば、自然環境の保護と人類の福祉に役立つ国際条約や国内法はほかにもたくさんある。もしひとりひとりがこの予防原則を日々の生活に取り入れたなら、生態系における人間の役割を果たし、自然環境を護るための力をもっとよいセンスで発揮できるはずである。もし、すべてのレベル——国際的な協定から個人の行動まで——に予防原則が組みこまれたら、これは環境と生きものを護る黄金のルールになるだろう[3]。

　これまで多くの国で発生した環境悪化問題に関して、事前に対策が講じられなかったのは経済的な理由であるとか、科学的根拠の不足が結果を予測できなかった原因であるという弁解によって、事業者や政策担当者は責任をまぬがれてきた。予防原則にもとづく判断がなされていれば、問題のかなりの部分は回避できたかもしれない。経済的に乏しく、保全のための基礎研究を進める余裕のない途上国には資金や技術を持っている国や人びととの援助が力になるだろう。しかし同時に、自然環境を獲るために必要な対策をとらずに安い商品をつくって国際市場での競争に勝とうとするような国の政策は許されない。また、人口増加を抑制できない国や外来種を養殖して輸出している国、さらに物理的な境界のない大気や海の大規模汚染を続ける国に対しては国際的な干渉が必要である。そういった国の製品は買わないし、使わない、またそういった国の企業には出資しないという改革が必要なのだ。増え続ける人類が出口のない「地球号」の上で等しく生きていくために、問題のありかを認識し対処することが、すべての人びとに求められる。

　予防原則のもとにある道義は、現在とこれから来る世代が必要とするものと権利を保障するための責務でもある。自分の生き方に責任を持ち、次世代に問題を残したり先送りしたりしてはならない。「これから来る人たちは、私たちが多く

の種を絶滅させたことを許さないであろう」、というウィルソンやマイヤース（N. Myers）の警告は、私たちに今すぐ行動することの重要性を訴えている[4]。

3. 希望に向かって

　予防原則にもとづく行動は、自然から学び、いのち豊かな世界と共存できる生き方をする時代への移行といえる。それは、生産技術を革新し、市場経済の仕組みを考えなおし、自然が耐えられなくなるまでにどのくらい資源を獲得し、環境を改変できるかを考えるのでなく、その前に、地球生態系へのストレスを軽減させるために実践することである。それには、正しい判断が求められる政策者はもちろん、社会全体の教育と啓蒙がもっと求められる。英国の生態学者マイヤースはワシントンD.C.での講演で、私たちに「この惑星の資源を人間の利益のために利用することを考えるものから、惑星の利益のために考えるものになろう」と呼びかけた。

　地球の陸上の総面積148.9億ヘクタールのうち、32％が農地や放牧地、27％が森林で、残りの40％以上は不毛の地である。7000年以上にもわたる農耕の歴史を通じて、人間は表土を繰り返し耕し、土壌の生産性を奪い続けることで、生命と文明をはぐくんできた。近代になって、化学肥料や農薬が開発され、大型機械や品種改良技術の進歩と灌漑面積の増大とが相まって食料生産は飛躍的に増大し、人びとは飢餓から解放されたかのように思えた。しかし、近代農業は化学肥料の投入を続けないかぎり、土壌の生産性の低下を回避できないし、農薬が周辺の環境におよぼす負の影響については、今さら述べるまでもなく明白である。世界各地で、森林の伐採と家畜の飼いすぎと大量の井戸水のくみ上げのために塩害と砂漠化が進んでいる。中国大陸から日本列島に飛来する黄砂の量は、このところ毎年連続して増加している。

　予防原則を今すぐ適用するには海は最適の場だろう。なぜなら、いくつかの沿岸を除いて、海洋生態系の大部分はまだ破壊から護ることが可能だからである。私たちの生活がどれほど海の生物多様性とかかわっているのか、また、海の生態系の機能がどれほど大切かを、まだ、人びとは十分知っていない。

生物多様性に関して私たちができる事柄は、第一に生物多様性と人間とのかかわりについてもっとよく知ることである。それは本書を書こうとしたきっかけでもあった。第二に環境科学と保全生態学の進歩と、生物保護区の数と区域の拡大および管理の徹底、そして自然環境の破壊や生物多様性の低下を招かない漁業と養殖技術の構築である。第三に生物分類学の回復をあげたい。

　分類学は生物学の基礎である。地球にはどれぐらいの種がいるのか、それぞれがどんな生活をしているのか、どの種が絶滅しそうなのか。生物学の未来を担うことができるのは生きものの識別と観察の基本的技術の訓練を受け、自然から学ぼうとする科学者においてほかにない。生物多様性に関する知見の根底となるべき種の分類同定は熟練した専門家の知識と方法を必要とするが、分類学は1970年代以降に急速に衰え、世界的にみても、分子生物学とその応用分野の華々しい成功に魅了されて、多くの国は分類学研究者の育成を怠った。そのため個々の生きものについての知識を後代に伝える専門家が年々少なくなり、後継研究者の数は減少の一途をたどっている。優れた分類学者を育てるには、長い時間と、周囲の理解と支援が必要である。そして第四は長期にわたる環境と生物多様性の観測調査の充実である。モニタリングは地球全体を覆うように設定された数多くの測点で、100年以上にわたって継続して行われなくてはならない。また、この海の定期健診で得られた情報を構築し、すべての人びとが問題を十分に理解するために、誰でも容易に情報を得ることのできるシステムを整備する必要がある。

　さらに漁業について続ければ、生物群集全体への漁業の影響を真剣に考えたうえで、漁獲対象種が持続的な資源量を維持できるような管理制度を構築することが望まれる。かつて東南アジアやオセアニアの漁村には、漁場の輪番制とか禁漁区とか漁獲物の均等分配という共同社会的な制度が伝統的な知識や禁忌を基礎につくられ、漁場と資源が護られていた。西欧型の資本主義経済の導入で、人びとが培ってきた賢い生き方はもろくも潰えてしまったが、今一度、それを見直すことには意義がある。今から30数年前に駿河湾ではサクラエビの漁業者たちが自分たちに与えられた共有の資源を護るために話し合い、本書の著者のひとりからの助言に耳を傾けた。そして資源動向についての科学的根拠が完全に揃うまで待つことなく、予防原則を取り入れて年毎の漁獲量を決め、収入の均等分配制を始めて、狭い湾内の限りある資源を際限のない漁獲競争で根絶やしにしてしまう危機

を回避した。それ以来今日まで、サクラエビは持続的な資源量を維持し、今では日本全国に知られる人気商品となっている。⁽⁵⁾

　水辺で遊ぶことは実に楽しい。潮の香りと、胸一杯に吸いこむ空気はなんと美味しいことか。つい十数年前まで、私たちが親しみを感じる海は至るところにあった。そのような場所は、容易に水辺に近づけ、膝まで水に浸して蟹や小魚を追いかけられる浜や磯である。しかし、今は都会からかなり離れた海岸でさえ、道路や護岸堤が建設され、テトラポッドが積み上げられて、陸と海が分断されている。海があっても市街からはみえないし、海岸に行けない場所が多い。そのうえ、インターネットなどの技術革新によるバーチャルで再生可能な世界で、人びとは無意識のうちに次第に自然から隔離されてしまっている。そんな状況と関係があるかもしれないが、海の研究者の中にさえ、現場をみなくても平気でいる人が少しずつ増えてきている。自然科学の基礎は自然への畏敬と自然を愛する気持ちだと思う。研究は論文の数を増やすためのものではない。現場の海や生きものを知らないままに研究室に閉じこもって分析機器で測定したり複雑な生態系モデルを用いて計算したりして、なぜそのような結果が得られたのか、どこに問題があるのかがわからない人たちをみるのは恐ろしいことだ。現代科学では、多くのことが頭の中だけで考えられ、数字に置き換えられて判断されてしまっているが、海のいのちを対象にしている研究者は、自然や生きものの変化をもっと自分の目で自分の感覚で確かめることの大切さに気がついてほしい。

　世界を動かすのは政策にかかわる人たちがつくった上からのメッセージではなく、生物多様性の保全と持続可能な社会を目指す無数の人びとの草の根からの運動だろう。それが政治家や官僚によい政策をつくらせ、聡明な企業家を育てる成熟した社会であろうと著者は考えている。スタンフォード大学の生態学者、エーリック夫妻（P.R. Ehrlich and A.H. Ehrlich）の「人間というものは自分たちが対応できないような長期的な"傾向"には関心を示さないように進化してきた」という悲観的な言葉は環境問題を論じるときにしばしば引用されるが、希望を捨ててはならない。生態系や生物多様性の問題を、私たちが後戻りのできない崖っぷちに立つまで放っておけば、貧困と社会的倫理の危機を招き、やがて、地球では誰が生き残るかという深刻な事態を招くだろう。そうならないためのひとりひとりの責任のある実践が必要なのである。⁽⁶⁾

あとがき

　大学を辞める前に、私がそれまでの講義や発表した小論などを編集して、海の生物多様性と環境問題についての総論として刊行したいと思っていた。生物多様性と環境問題について海洋に限って書かれたものは日本にはなかったし、科学と政策の両方を論じた著作は陸上を含めても少なかったからである。ちょうどそのころ、アリゾナでの学会で、ソーンミラーさんの"The Living Ocean"（Island Press, 2nd edition, 1999）をみつけた。そして内容の豊かさに感銘を受け、同時に私が準備しはじめていた著作の構成と似ているところをうれしく思った。その後、スクリップス海洋研究所の亡き友ミュリン教授に、先を越されたという思いを話したところ、ソーンミラーさんが広い考えを持つ研究者で、環境保護運動家としてもとても優れた人だからと、彼女を紹介してくれた。

　それで、私はソーンミラーさんの著作を翻訳出版するつもりで、ワシントンD.C.の環境NGO"SeaWeb"の事務所に、科学アドバイザーをしていた彼女を訪ねた。2000年7月のことである。しかし、そこで話し合い、また、翌年ワシントン州で催された「予防原則にかかわる国際ワークショップ」に招かれたときにも、再び出会って話をしているうちに、ソーンミラーさんは、環境問題に熱心な日本の人びとのために、私を主著者にして、共著の本を書こうと提案された。

　本書は"The Living Ocean"を基礎にして、私のノートから科学と政策の新しい展開を加え、ふたりの考えを何度も吟味して書き上げたものである。研究者の目で長く"いのち豊かな海"を眺め、国際機関に出向して海洋科学行政にも携わったことのある私と、NGOの立場で環境問題に深くかかわってきたソーンミラーさん、ふたりの海の生物多様性への思いがようやくひとつにまとまった。

　私たちの気づかないところでも、地球規模の生物多様性の低下と自然環境の悪化の影響はもう現れているし、やがては大変なことがおきそうだというおそれはみんなが感じている。しかし、成り行きを科学的、包括的に立証することが難しいために、人びとはまだ行動をためらっているようにみえる。本書が市民と政策

にかかわる人たちを喚起し、地球規模で生物多様性と自然環境の保全保護に真剣に取り組むという、わが国の、そして世界の国々の明確な意思決定につながるきっかけになることを望んでいる。

　本書を執筆する過程で、1998年から2000年にかけて日本財団の支援を受けて㈶日本科学協会が行った「水惑星プロジェクト研究会」から助成金をいただいた。また、石丸隆（東京海洋大学）、加々美康彦（海洋政策研究財団）、高橋啓介（環境省）、福地光男（国立極地研究所）、服田昌之（御茶の水女子大学）の各氏と保坂美樹さんには草稿の一部もしくは全体を読んでいただいて有益なご意見を賜った。また、挿入したいくつかのすばらしい写真は、高橋晃周氏、㈲海洋研究開発機構、池田勉氏、河地正伸氏、田村實氏、林原毅氏、橋本和正氏から提供を受けた。ここに心から御礼を申し上げる。

（大森　信）

略語一覧（条約名や機関名など）

AEPS	Arctic Environmental Protection Strategy	北極環境保護戦略
AID	United States Agency for International Development	米国国際開発庁
AMAP	Arctic Monitoring and Assessment Programme	北極域監視調査計画
CalCOFI	California Cooperative Oceanic Fisheries Investigations	カリフォルニア州共同漁業調査計画
CCAMLR	Commission for the Conservation of Antarctic Marine Living Resources	南極海洋生物資源保存委員会
CFCs	Chlorofluorocarbons	フロンガス
CITES	Convention on International Trade in Endangered Species of Wild Fauna and Flora	ワシントン条約[*1]
CZMA	Coastal Zone Management Act	米国沿岸域管理法
DMS	dimethyl sulfide	ジメチルサルファイド
EEZ	exclusive economic zone	排他的経済水域
EPA	Environmental Protection Agency	米国環境保護庁
FAO	Food and Agriculture Organization of the United Nations	国連食糧農業機関
GATT	General Agreement on Tariffs and Trade	関税と貿易の一般協定
GCRMN	Grobal Coral Reef Monitoring Network	地球規模さんご礁モニタリングネットワーク
GEF	Global Environment Facility	地球環境ファシリティ
GESAMP	Joint Group of Experts on the Scientific Aspects of Marine Environmental Protection	海洋環境保護の科学的側面に関する合同専門家グループ
ICES	International Council for the Exploration of the Sea	国際海洋探査委員会
ICLARM	International Center for Living Aquatic Resources Management [*2]	国際水産資源管理センター
ICRI	International Coral Reef Initiative	国際さんご礁イニシアティブ
IMO	International Maritime Organization	国際海事機関
IOC	Intergovernmental Oceanographic Commission	ユネスコ政府間海洋学委員会
ISA	International Seabed Authority	国際海底機構
ITQ	individual transferable quotas	個別譲渡可能漁獲割当
IUCN	International Union for the Conservation of Nature and Natural Resources	国際自然保護連合

IWC	International Whaling Commission	国際捕鯨委員会
JICA	Japan International Cooperation Agency	国際協力機構（日本）
LC72	London Dumping Convention, 1972	ロンドン廃棄物条約*3
LMEs	large marine ecosystems	広域海洋生態系
LRTAP	Convention on Long-Range Tranboundary Air Pollution	長距離大気汚染協定
MAB	Unesco's Man and the Biosphere Programme	ユネスコ人間と生物圏計画
MARPOL 73/78	International Convention for the Prevention of Pollution from Ships	船舶による汚染防止のための国際条約
MPA	marine protected area	海洋保護区
MSY	maximum sustainable yield	持続可能最大漁獲量
NAFTA	North American Free Trade Agreement	北アメリカ自由貿易協定
NGOs	non-governmental organizations	非政府組織
NMFS	National Marine Fisheries Service	米国海洋漁業局
NOAA	Natioinal Oceanic and Atmospheric Administration	米国海洋大気庁
NPOs	non-profit organization	非営利活動団体
OECD	Organization for Economic Cooperation and Development	経済協力開発機構
PAHs	polyaromatic hydrocarbons	芳香族炭化水素
PCBs	polychlorinated biphenyls	ポリ塩化ビフェニール群
POPs	persistent organic pollutants	残留性有機汚染物質
UNCED	United Nations Conference on Environment and Development	国連環境開発会議
UNCLOS	United Nations Convention on the Law of the Sea	国連海洋法条約
UNDP	United Nations Development Programme	国連開発計画
UNEP	United Nations Environment Programme	国連環境計画
USCG	United States Coast Guard	米国沿岸警備隊
WTO	World Trade Organization	世界貿易機関
WWF	World Wildlife Fund *4	世界自然保護基金

*1：絶滅のおそれのある野生動植物の種の国際取引に関する条約
*2：現在はWorld Fish Center
*3：廃棄物その他の物の投棄による海洋汚染の防止に関する条約
*4：現在はWorld Wide Fund for Nature

引用文献の著者名と発行年

■序
1. R.C. Lewontin, 1990.
2. E.O. Wilson and M. Peter, 1988.

■第1章
1. N. Coleman *et al.*, 1997; J. Gage and P. Tyler, 1991; J.F. Grassle, 1989.
2. J. Carlton and J. Geller, 1993; S. J. Gould, 1991; D.M. Raup and S.M. Stanley, 1978.
3. J.S. Gray, 1997; G.C. Ray, 1988.
4. D.U. Hooper *et al.*, 2005; J. H. Steele, 1985.
5. F.S. Chapin III *et al.*, 1997.
6. J. Cairns, Jr. and J.R. Pratt, 1990.
7. M. Holdgate, 1990.
8. J.E. Lovelock, 1979.
9. R.J. Charlson *et al.*, 1987; D. Lindley, 1988.
10. J. Sarmiento *et al.*, 1988; J.R. Toggweiler, 1988.
11. K. Banse, 1990; B.W. Frost, 1996; J.L. Sarmiento, 1991.
12. G. Bigg, 1996.
13. J. Gribbin, 1988.
14. World Resources Institute, 1987; R. Watson and D. Pauly, 2001.
15. W. Fenical, 1996; M.E. Hay and W. Fenical, 1996; G.D. Ruggieri, 1976.
16. R. R. Colwell, 1983; M. Fox, 1996; K. Hinder *et al.* 1991.
17. R. Costanza *et al.*, 1997; H. A. Mooney *et al.*, 1995.

■第2章
1. S.L. Pimm, 1984.
2. P.L. Angermeier and J.R. Karr, 1994; H. Gitay *et al.*, 1996; A.S. Moffat, 1996.
3. E.R. Pianka, 1988.
4. D.U. Hooper *et al.*, 2005.
5. P.K. Dayton, 1992; B.A. Menge, 1992; R.T. Paine, 1966; D. Raffaelli and S. Hawkins, 1996.
6. B.A. Menge, 1992.
7. P.K. Dayton *et al.*, 1998.
8. P.K. Dayton, 1998.
9. R.S. Burton, 1983; J.C Gallagher, 1980.
10. M. Hatta *et al.*, 1999; National Research Council, 1995.
11. U. Gyllensten and N. Ryman, 1985; P. Klerks and J.S. Levinton, 1989.
12. P.J. Smith and Y. Fugio, 1982.
13. A. Bucklin *et al.*, 2003; J.P. Grassle and J.F. Grassle, 1976; National Research Council, 1995.
14. J. Gage and P. Tyler, 1991; D. Malakoff, 1997; National Research Council, 1995; M. L. Reaka-Kudla, 1997.
15. S.W. Chisholm, 1992; H.A. Mooney *et al.*, 1995; L.R. Pomeroy, 1992.
16. National Research Council, 1995.
17. J.C. Briggs, 1994; R.M. May, 1988; G.C. Ray, 1988.
18. J.C. Briggs, 1994; J.F. Grassle and N.J. Maciolek, 1992; R.M. May, 1994a; G.C.F. Poore and G.D.F.

Wilson, 1993; M.L. Reaka-Kudla, 1997.
19. R. M. May, 1994a; National Research Council, 1995; G.C. Ray, 1988; M.L. Reaka-Kudla, 1997.
20. 西平守孝, 1998.
21. National Research Council, 1995.
22. H.L. Sanders, 1968.
23. C.W. Beklemishev *et al.*, 1977; E.C. Pielou, 1979; J. Reid *et al.*, 1978; S. Van der Spoel and R. P. Heyman, 1983.
24. D.E. Morse *et al.*, 1994; D.E.Morse and A. N. C. Morse, 1988.
25. J.H.S. Blaxter and C.C. Ten Hallers-Tjabbes, 1992; R.R. Colwell, 1983; D.E. Morse and A.N.C. Morse, 1988; G. D. Ruggieri, 1976.
26. M. Angel, 1993; A. Clarke, 1992; A. Clarke and J.A. Crame, 1997; D.L. Hawksworth and M.T. Kalin-Arroyo, 1995; M.A. Kendall and M. Aschan, 1993; M.A. Rex *et al.*, 1993; F.G. Stehli *et al.*, 1969.
27. F.G. Stehli and J.W. Wells, 1971; J.E.N. Veron, 1995.
28. M. Angel, 1993; J.F. Grassele and N.J. Maciolek, 1992; T. Kikuchi and M. Omori, 1985; H.L. Sanders, 1968.
29. National Research Council, 1995; J.W. Nybakken, 1982.

■第3章
1. D.S. McLusky, 1981.
2. D.F. Boesch, 1974.
3. L. Deegan, 1993; G.C. Ray, 1997.
4. National Research Council, 1995; F. Short and S. Wyllie-Echeverria, 1996; R.G. Wiegert and L.R. Pomeroy, 1981; Y.P. Zaitsev, 1992.
5. R. Bossi and G. Cintron, 1990; E.J. Farnsworth and A.M. Ellison, 1997; C. Field, 1995; R. Ricklefs and R. Latham, 1993.
6. EPA, 1997.
7. P.K. Dayton, 1992; A.J. Underwood and E.J. Denley, 1984.
8. R.T. Paine, 1966.
9. J.A. Estes *et al.* 1998.
10. H.A. Mooney *et al.*, 1995; D. Raffaelli and S. Hawkins, 1996.
11. J.A. Estes *et al.*, 1989; R.T. Paine *et al.*, 1985; D. Raffaelli and S. Hawkins, 1996.
12. S.D. Gaines and J. Roughgarden, 1987; J. Roughgarden *et al.*, 1988.
13. P.K. Dayton, 1992; H.A. Mooney *et al.*, 1995.
14. E.G. Leigh *et al.*, 1984.
15. J. Lewin, 1978; D. Raffaelli and S. Hawkins, 1996.
16. D. Bryant *et al.*, 1998; E. Pennisi, 1997; C. Wilkinson, 2004.
17. M.L. Reaka-Kudla, 1997; J.W. Wells, 1957.
18. J.E. Maragos *et al.*, 1996; National Research Council, 1995.
19. H. Fukami *et al.*, 2004; J.B.C. Jackson, 1997.
20. D.M. Bellwood *et al.*, 2004; T.P. Hughes and J.H. Connell, 1999.
21. C. Birkeland, 1990; P. F. Sale, 1980; F. G. Stehli and J.W. Wells, 1971.
22. J.H. Connell, 1978; J.E. Maragos *et al.*, 1996; National Research Council, 1995.
23. M.A. Huston, 1985.
24. J.E. Maragos *et al.*, 1996; J. Ogden, 1989.
25. P.W. Glynn, 1988.
26. G. Mayer, 1982; K. Sherman *et al.*, 1988.

27. F. Mowat, 1996.
28. M. Williamson, 1997.
29. K.H. Mann and J.R.N. Lazier, 1996; K. Sherman et al., 1988.

■第4章
1. K.H. Mann and J.R.N. Lazier, 1996.
2. J. Gage and P. Tyler, 1991; S. Pain, 1988.
3. A. Bucklin et al., 2003; E. Goetze, 2003.
4. S.W. Chisholm et al., 1988; S.W. Chisholm, 1992.
5. L.R. Pomeroy 1992.
6. M. Angel, 1997; P.A. Jumars, 1976.
7. J. Hardy, 1991; Y. Zeitsev, 1992.
8. J. Hardy and C.W. Apts, 1989.
9. M. Angel, 1993; M. Angel, 1997; K.H. Mann and J.R.N. Lazier, 1996; J. Raymont, 1963.
10. T. Hayward, 1993; E.L. Venrick, 1990.
11. M. Angel, 1997; S.J. Giovannoni et al., 1990; J.A. McGowan and P.W. Walker. 1993; A.C. Pierrot-Bults, 1997; T. Villareal et al., 1993.
12. R.Y. George, 1984; J.W.S. Marr, 1962.
13. M. Angel, 1993, 1997; R.L. Haedrich, 1996; K.H. Mann and J.R.N. Lazier, 1996.
14. M. Angel, 1997; J.A. McGowan and P.W. Walker, 1993; A.C. Pierrot-Bults, 1997; G.C. Ray, 1991; M. Williamson, 1997.
15. M. Angel, 1993; R.L. Haedrich, 1996.
16. K.H. Mann and J.R.N. Lazier, 1996; J.A. McGowan and P.W. Walker, 1993; The Ring Group, 1981; P.H. Wiebe and G.R. Flier, 1983.
17. M. Angel, 1993; K. Banse, 1994; G.D. Grice and A.D. Hart, 1962; K.H. Mann and J.R.N. Lazier, 1996.
18. M. Angel, 1993; K.H. Mann and J.R.N. Lazier, 1996; J.A. McGowan, 1986; J.A. McGowan and P. W. Walker, 1993.
19. Chisholm, S.W. et al. 1988; Obayashi, Y. et al. 2001; Suzuki, K. et al., 1995.
20. J.A. McGowan, 1986; J.A. McGowan and P.W. Walker, 1993.
21. K.H. Mann and J.R.N. Lazier, 1996.
22. K.H. Mann and J.R.N. Lazier, 1996.
23. T.W. Rowell and R.W. Trites, 1985.
24. J. Gage and P. Tyler, 1991.
25. J. Gage and P. Tyler, 1991; R.L. Haedrich, 1996; R.L. Haedrich and N. Merrett, 1990.
26. J.A. Koslow, 1997.
27. J. Gage and P. Tyler, 1991; J. Gage, 1997; T. Waters, 1995.
28. B.A. Bennett et al., 1994; J. Gage and P. Tyler, 1991; National Research Council, 1995.
29. J. Gage and P. Tyler, 1991; National Research Council, 1995; M.A. Rex et al., 1997.
30. J.C. Briggs, 1994: J.F. Grassle and N.J. Maciolek, 1992; R.M. May, 1994a; G.C.A. Poore and G.D.F. Wilson, 1993; M.L. Reaka-Kudla, 1997.
31. J. Gage and P. Tyler, 1991; P.A. Jumars, 1976.
32. J. Gage and P. Tyler, 1991; J.F. Grassle, 1989; J.F. Grassle and N.J. Maciolek, 1992; M.A. Rex et al., 1997.
33. J. Gage and P. Tyler, 1991; J. Gage, 1997.
34. L.G. Abele and K. Walters, 1979; P.K. Dayton and R.R. Hessler, 1972; J.F. Grassle, 1989; P.A. Jumars, 1976; P.A. Tyler, 1995; M.A. Rex, 1981.
35. J. Gage and P. Tyler, 1991; R.N. Jinks et al. 2002: J. Travis, 1993; C. L. Van Dover, 1996.

36. C. Smith *et al.*, 1989; C. Smith, 1992.
37. W.S. Broecker, 1990.
38. R.A. Massom, 1988.
39. P.K. Dayton *et al.*, 1994.
40. M. Angel, 1993; A. Clarke and J.A. Crame, 1997; J.E. Winston, 1990.

■第5章
1. J. Cairns Jr., 1987; R. C. Lewontin, 1990; N. Myers, 1990.
2. R. Barbault and S. Sastrapradja, 1995; N. Myers, 1990; G.J. Vermeij, 1991.
3. A.P. McGinn, 1998; R.A. Myers *et al.*, 1997.
4. L.W. Botsford *et al.*, 1997; P. K. Dayton, 1998; D. Pauly *et al.*, 1998.
5. World Resources Institute, 1987; C. Safina, 1995.
6. L.W. Botsford *et al.*, 1997; S.A. Earle, 1995; FAO, 1999; J. Lubchenco, 1998.
7. S.A. Earle, 1995; P. Weber, 1993.
8. L.W. Botsford *et al.*, 1997; P.K. Dayton, 1998; National Research Council, 1995; P.M. Vitousek *et al.*, 1997.
9. L.R. Brown and H. Kane, 1994; K. Hindar *et al.*, 1991; Pacific Congress on Marine Science and Technology, 1995.
10. M.D. Fortes, 1988; National Research Council, 1995; R. Tiner, 1984.
11. National Research Council, 1995.
12. P. K. Dayton, 1998; S. C. Jameson *et al.*, 1995.
13. A.M. Manville, 1988.
14. GESAMP, 1990; D. Livingstone *et al.*, 1992; J.J. Stegeman *et al.*, 1986.
15. M. Omori *et al.*, 1995.
16. A. Conversi and J. McGowan, 1994; GESAMP, 1990; G. Mayer, 1982.
17. P. M. Vitousek *et al.*, 1997.
18. J. Burkholder *et al.*, 1992.
19. D. Anderson, 1997; E. Culotta, 1992; T. Smayda, 1997.
20. D. Anderson, 1997; H. Mianzan *et al.*, 1997; T. Smayda, 1990; T. Smayda, 1992.
21. J. Hardy, 1991.
22. S.A. Earle, 1995; K. Schmidt, 1997.
23. EPA, 1997; GESAMP, 1990.
24. GESAMP, 1990; D.E. Kime, 1995; W.J. Langston *et al.*, 1992.
25. B.S. Shane, 1994.
26. 宮崎信之・田辺信介, 2005; S. Tanabe *et al.*, 1982.
27. R.Carson, 1962; T. Colborn *et al.*, 1997.
28. G.J. Vermeij, 1991.
29. J. Carlton and J. Geller, 1993.
30. J. Hedgpeth, 1993; Y.P. Zaitsev, 1992.
31. A. Aarkrog *et al.*, 1987; W.J. Davis, 1994.
32. T. Appenzeller, 1991; G. Suess *et al.*, 1999; H. Thiel. *et al.*, 1998.
33. M. Omori *et al.*, 1998.
34. C.L. Van Dover, 1996.
35. S.H. Schneider, 1997.
36. J.C. Orr *et al.*, 2005.
37. O. Hoegh-Guldberg, 1999.

38. N.H.K., 1998.
39. J.A. McGowan et al., 1996; D. Roemmich and J. McGowan, 1995.
40. D. Karentz, 1992.

■第6章
1. R.V. Salm with J.R. Clark, 1984.
2. National Research Council, 1995.
3. M.W. Eichbaum et al., 1996.
4. J.G. Sutinen and M. Soboil, 2003.
5. FAO, 1999; B. Thorne-Miller, 2006.
6. D. Fluharty, 2000; V.R. Restrepo and J.E. Powers. 1999.
7. M. Omori, 2002.
8. J. Caddy, 1997; D. Pauly, 1997.
9. C.E. Curtis, 1990.
10. B. Thorne-Miller, 1992.
11. U.S. Congress, Office of Technology Assessment, 1986.
12. R. Wilson and E.A.C. Crouch, 1987.
13. J. Cairns Jr., 1986; J. Cairns Jr. and J.R. Pratt, 1989; R. Hilborn and D. Ludwig, 1993.
14. M. O'Brien, 2000; C. Raffensperger and J.A. Tickner, 1999.
15. CalCOFI Committee, 1990; C. M. Duarte et al., 1992.
16. S.L. Pimm 1997.
17. R. Costanza et al., 1997; B. Holmes, 1997; S. L. Pimm, 1997.
18. J.M. Helfield and R.J. Naiman, 2001; G.V. Hildebrand et al., 1999; 稗田一俊, 2005; 村上正志, 2004.
19. A. Balmford et al., 2002.
20. J. Cairns Jr., 1989.

■第7章
1. C. de Klemm with C. Shine, 1993.
2. World Commission on Environment and Development, 1987.
3. UNEP, 1995.
4. 海洋政策研究財団, 2005.
5. S.M. Wells and J. G. Barzdo, 1991.
6. B. Hulshoff and W. P. Gregg, 1985.
7. IMO, 1990.
8. H.L. Windom, 1991.
9. D.R. Downes and B. Van Dyke, 1998.
10. T. E. Wirth, 1995.

■第8章
1. F. S. Chapin III et al., 1997; N. Myers, 1993.
2. E.O. Wilson, 1984.
3. D. Freestone, 1991; T. Jackson and P.J. Taylor, 1992.
4. N. Myers, 1993.
5. R.E. Johannes, 1978; M. Omori, 2002.
6. P.R. Ehrlich and A.H. Ehrlich, 1990.

引用文献

Aarkrog, A. et al. 1987. Technetium-99 and cesium-134 as long distance tracers in Arctic waters. Estuarine, Coastal, and Shelf Science 24: 637-647.
Abele, L. G., and K. Walters. 1979. The stability-time hypothesis: Reevaluation of the data. American Naturalist 114: 559-568.
Anderson, D. 1997. Turning back the harmful red tide. Nature 388: 513-514.
Angel, M. 1993. Biodiversity of the pelagic ocean. Conservation Biology 7: 760-772.
Angel, M. 1997. Pelagic biodiversity. pp. 35-68 in R. Ormond, J. Gage, and M. Angel (eds.), *Marine Biodiversity: Patterns and Processes*. Cambridge University Press, Cambridge, England.
Angermeier, P. L., and J. R. Karr. 1994. Biological integrity versus biological diversity as policy directives. BioScience 44: 690-697.
Appenzeller, T. 1991. Fire and ice under the deep-sea floor. Science 252: 1790-1792.
Balmford, A. et al. 2002. Economic reasons for conservating wild nature. Science 297: 950-953.
Banse, K. 1990. Does iron really limit phytoplankton production in the offshore subarctic Pacific? Limnology and Oceanography 35: 772-775.
Banse, K. 1994. Grazing and zooplankton production as key controls of phytoplankton production in the open ocean. Oceanography 7: 13-20.
Barbault, R., and S. Sastrapradja. 1995. Generation, maintenance, and loss of biodiversity. pp. 193-274 in V. Heywood (ed.), *UNEP: Global Biodiversity Assessment*. Cambridge University Press, Cambridge, England.
Beklemishev, C. W., N. B. Parin, and G. N. Semina. 1977. Pelagial. pp. 219-261 in M. Vinogradov (ed.). *Biogeographical Structure of the Ocean. (Ocean Beiogeography I)*. Akademia Nauka, Moscow. (in Russian).
Bellwood, D. M. et al. 2004. Confronting the coral reef crisis. Nature 429: 827-833.
Bennett, B. A. et al. 1994. Faunal community structure of a chemoautotrophic assemblage on whale bones in the deep northeast Pacific Ocean. Marine Ecology Progress Series 3: 205-223.
Bigg, G. 1996. *The Oceans and Climate*. Cambridge University Press, Cambridge, England.
Birkeland, C. 1990. Geographic comparisons of coral-reef community processes. Proceedings of the Sixth International Coral Reef Symposium, Townsville, Australia 1988 1: 211-220.
Blaxter, J. H. S., and C. C. Ten Hallers-Tjabbes. 1992. The effect of pollutants on sensory systems and behaviour of aquatic animals. Netherlands Journal of Aquatic Ecology 26: 43-58.
Boesch, D. F. 1974. Diversity, stability, and response to human disturbance in estuarine ecosystems. pp. 109-114 in *Structure, Functioning, and Management of Ecosystems: Proceedings of the First International Congress of Ecology, The Hague, The Netherlands, September 8-14, 1974*. Pudoc, Wageningen, Netherlands.
Bossi, R., and G. Cintron. 1990. *Mangroves of the Wider Caribbean: Toward Sustainable Management*. United Nations Environment Programme, Nairobi, Kenya.
Botsford, L. W., J. C. Castilla, and C. H. Peterson. 1997. The management of fisheries and marine ecosystems. Science 277: 509-515.
Briggs, J. C. 1994. Species diversity: Land and sea compared. Systematic Biology 43: 130-135.
Broecker, W.S. 1991. The great ocean conveyor. Oceanography. 4 (2): 79-90.
Broecker, W. S., and T. H. Peng. 1982. *Tracers in the Sea*. Lamont-Doherty Geological Observatory, Columbia University, Palisades, N.Y.

Broecker, W. S. 1990. Comment on "Iron deficiency limits phytoplankton growth in Antarctic waters" by John H. Martin et al. Global Biogeochemical Cycles 4: 3-4.

Brown, L.R. and H. Kane. 1994. *Full House*. W.W. Norton & Co., New York, NY.

Bryant, D., L. Burke, J. McManus, and M. Spalding. 1998. *Reefs at risk: a mep-based indicator of threats to the world's coral reefs*. World Resources Institute, Washington, D.C. 56pp.

Bucklin, A. *et al*. 2003. Molecular systematic and phylogenetic assessment of 34 calanoid copepod species of the Calanidae and Clausocalanidae. Marine Biology 142: 333-343.

Burkholder, J. *et al*. 1992. New "phantom" dinoflagellate is the causative agent of major estuarine fish kills. Nature 358: 407-410.

Burton, R. S. 1983. Protein polymorphisms and genetic differentiation of marine invertebrate populations. Marine Biology Letters 4: 193-206.

Caddy, J. 1997. Checks and balances in the management of marine fish stocks: Organizational requirements for a limited reference point approach. Fisheries Research 30: 1-15.

Cairns, J. Jr. 1986. Emergence of integrative environmental management. pp. 232-241 in C. Kou, and T. Younos (eds.), *Effects of Upland and Shoreline Land Use on the Chesapeake Bay*. Virginia Polytechnic Institute and State University, Blacksburg.

Cairns, J. Jr. 1987. Can the global loss of species be stopped? Speculations in Science and Technology 11: 189-196.

Cairns, J. Jr. 1989. Restoring damaged ecosystems: Is pre-disturbance condition a viable option? Environmental Professional 11: 152-159.

Cairns, J. Jr., and J. R. Pratt. 1989. The scientific basis of bioassays. Hydrobiologia 188/189: 5-20.

Cairns, J. Jr., and J. R. Pratt. 1990. Biotic impoverishment: Effects of anthropogenic stress. pp. 495-505 in G. Woodwell (ed.), *The Earth in Transition: Patterns and Processes of Biotic Impoverishment*. Cambridge University Press, Cambridge, England.

CalCOFI Committee (ed.). 1990. Ocean outlook: Global change and the marine environment. California Cooperative Oceanic Fisheries Investigations Reports 31: 25-27.

Carlton, J., and J. Geller. 1993. Ecological roulette: The global transport of non-indigenous marine organisms. Science 261: 78-80.

Carson, R. 1962. *Silent Spring*. Houghton Mifflin Co., New York.

Chapin, F. S., III, *et al*. 1997. Biotic control over the functioning of ecosystems. Science 277: 500-504.

Charlson, R. J., J. E. Lovelock, M. O. Andreae, and S. G. Warren. 1987. Oceanic phytoplankton, atmospheric sulfur, cloud albedo, and climate. Nature 326: 655-661.

Chisholm, S. W. 1992. What limits phytoplankton growth? Oceanus 35: 36-46.

Chisholm, S. W. *et al*. 1988. A novel free-living prochlorophyte abundant in the oceanic euphotic zone. Nature 334: 340-343.

Clarke, A. 1992. Is there a latitudinal diversity cline in the sea? Trends Ecol. Evolut. 7: 286-287.

Clarke, A., and J. A. Crame. 1997. Diversity, latitude and time: Patterns in the shallow sea. pp. 122-147 in R. Ormond, J. Gage, and M. Angel (eds.), *Marine Biodiversity: Patterns and Processes*. Cambridge University Press, Cambridge, England.

Colborn, T., D. Dumanoski, and J. P. Myers. 1997. *Our Stolen Future*. Penguin Group, Plume, New York.

Coleman, N., A. Gason, and G. Poore. 1997. High species richness in the shallow marine waters of southeast Australia. Marine Ecology Progress Series 154: 17-26.

Colwell, R. R. 1983. Biotechnology in the marine sciences. Science 222: 19-24.

Connell, J. H. 1978. Diversity in tropical rain forests and coral reefs. Science 199: 1302-1310.

Conversi, A., and J. McGowan. 1994. Natural versus human-caused variability of water clarity in the Southern California Bight. Limnology and Oceanography 39: 632-648.

Costanza, R., *et al*. 1997. The value of the world's ecosystem services and natural capital. Nature 387: 253-

260.
Culotta, E. 1992. Red menace in the world's oceans. Science 257: 1476-1477.
Curtis, C. E. 1990. Protecting the oceans. Oceanus 3: 19-22.
Davis, W.J. 1994. Contamination of coastal versus open ocean surface waters, a brief meta-analysis. Marine Pollution Bulletin 26: 128-134.
Dayton, P. K. 1992. Community landscape: Scale and stability in hard bottom marine communities. pp. 289-332 in P. Giller, A. Hildrew, and D. Raffaelli (eds.), *Aquatic Ecology: Scale, Pattern, and Process*. Blackwell Scientific Publications, Oxford, England.
Dayton, P. K. 1998. Reversal of the burden of proof in fisheries management. Science 279: 821-822.
Dayton, P. K., and R. R. Hessler. 1972. Role of biological disturbance in maintaining diversity in the deep sea. Deep-Sea Research 19: 199-208.
Dayton, P. K., B. J. Mordida, and F. Bacon. 1994. Polar marine communities. American Zoologist 34: 90-99.
Dayton, P. K., M. T. Tegner, P. B. Edwards, and K. L. Riser. 1998. Sliding baselines, ghosts, and reduced expectations in kelp forest communities. Ecological Applications 8: 309-322.
Deegan, L. 1993. Nutrient and energy transport between estuaries and coastal marine ecosystems by fish migration. Canadian Journal of Fisheries and Aquatic Science 50: 74-79.
de Klemm, C., with C. Shine. 1993. *Biological Diversity Conservation and the Law: Legal Mechanisms for Conserving Species and Ecosystems*. Environmental Policy and Law Paper No. 29. IUCN-the World Conservation Union, Gland, Switzerland.
Downes, D. R., and B. Van Dyke. 1998. *Fisheries Conservation and Trade Rules: Ensuring that Trade Law Promotes Sustainable Fisheries*. Center for International Environmental Law and Greenpeace, Washington, D.C.
Duarte, C. M., J. Cebrian, and N. Marba. 1992. Uncertainty of detecting sea change. Nature 356: 190.
Earle, S. A. *1995. Sea Change: A Message of the Oceans*. Addison-Wesley, Reading, Mass.
Ehrlich, P. R. and Ehrlich, A. H. 1990. *The Population Explosion*. Simon and Schuster, New York, N.Y.
Eichbaum, W. M. *et al.* 1996. The role of marine and coastal protected areas in the conservation and sustainable use of biological diversity. Oceanography 9: 60-70.
EPA (Environmental Protection Agency). 1997. *Incidence and Severity of Sediment Contamination in Surface Waters of the United States. Vol. 1 of National Sediment Quality Survey: A Report to Congress on the Extent and Severity of Sediment Contamination in Surface Waters of the United States*. EPA-823-R-97-006. EPA, Washington, D.C.
Estes, J. A., D. O. Duggins., and G. B. Rathbun. 1989. The ecology of extinctions in kelp forest communities. Conservation Biology 3: 252-264.
Estes, J. A. *et al.* 1998. Killer whale predation on sea otters linking oceanic and nearshore ecosystems. Science 282: 473-476.
FAO, 1999. *The State of the World Fisheries and Aquaculture, 1998*. Food and Agriculture Organization of the United Nations, Rome.
Farnsworth, E. J., and A. M. Ellison. 1997. The global conservation status of mangroves. Ambio 26: 328-334.
Fenical, W. 1996. Marine biodiversity and the medicine cabinet: The status of new drugs from marine organisms. Oceanography 9: 23-27.
Field, C. 1995. *Journey amongst Mangroves*. The International Society for Mangrove Ecosystems, Okinawa, Japan.
Fluharty, D. 2000. Habitat protection, ecological issues, and implementation of the Sustainable Fisheries Act. Ecological Applications 10: 325-337.
Fortes, M. D. 1988. Mangrove and seagrass beds of East Asia: Habitats under stress. Ambio 17: 207-213.
Fox, M. 1996, *The Boundless Circle: Caring for Creatures and Creation*. Quest Books, Theosophical

Publishing House, Wheaton, Ill.

Freestone, D. 1991. The precautionary principle. pp. 21-39 in R. Churchill and D. Freestone (eds.), *International Law and Global Climate Change*. Graham & Trotman, London.

Frost, B. W. 1996. Phytoplankton bloom on iron rations. Nature 383: 475-476.

Fukami, H. *et al.* 2004. Conventional taxonomy obscures deep divergence between Pacific and Atlantic corals. Nature 427: 832-835.

Gage, J. 1997. High benthic species diversity in deep-sea sediments: The importance of hydrodynamics. pp. 148-177 in R. Ormond, J. Gage, and M. Angel (eds.), *Marine Biodiversity: Patterns and Processes*. Cambridge University Press, Cambridge, England.

Gage, J., and P. Tyler. 1991. *Deep-Sea Biology: A Natural History of Organisms at the Deep-Sea Floor*. Cambridge University Press, Cambridge, England.

Gaines, S. D., and J. Roughgarden. 1987. Fish in offshore kelp forests affect recruitment to intertidal barnacle populations. Science 235: 479-481.

Gallagher, J. C. 1980. Population genetics of *Skeletonema costatum* (Bacillariophyceae) in Narragansett Bay. Journal of Phycology 16: 464-474.

George, R. Y. 1984. Ontogenetic adaptations in growth and respiration of *Euphausia superba* in relation to temperature and pressure. Journal of Crustacean Biology 4 (Spec. No. 1): 252-262.

GESAMP (Joint Group of Experts on the Scientific Aspects of Marine Pollution). 1990. *The State of the Marine Environment*. UNEP Regional Seas Reports and Studies, No. 115. United Nations Environment Programme, Nairobi, Kenya.

Giovannoni, S. J. *et al.* 1990. Genetic diversity in Sargasso Sea bacterio- plankton. Nature 345: 60-61.

Gitay, H., J. Wilson, and W. Lee. 1996. Species redundancy: A redundant concept. Journal of Ecology 84: 121-124.

Glynn, P. W. 1988. El Niño-Southern Oscillation 1982-1983: Nearshore population, community, and ecosystem responses. Annual Review of Ecology and Systematics 19: 309-345.

Goetze, E. 2003. Cryptic speciation on the high seas: global phylogenetics of the copepod family Eucalanidae. Proceedings of Royal Society of London B270: 2321-2331.

Gould, S. J. 1991. On the loss of a limpet. Natural History 6: 22-27.

Grassle, J. F. 1989. Species diversity in deep-sea communities. Trends in Ecology and Evolution 4: 12-15.

Grassle, J. F., and N. J. Maciolek, 1992. Deep-sea species richness. American Naturalist 139: 313-341.

Grassle, J. P., and J. F. Grassle. 1976. Sibling species in the marine pollution indicator *Capitella* (Polychaeta). Science 192: 567-569.

Gray, J. S. 1997. Marine biodiversity :patterns, threats and conservation needs. Biodiversity and Conservation 6: 153-175.

Gribbin, J. 1988. The oceanic key to climatic change. New Scientist, May 19: 32-33.

Grice, G. D., and A. D. Hart. 1962. The abundance, seasonal occurrence, and distribution of the epizooplankton between New York and Bermuda. Ecological Monographs 32: 287-309.

Gyllensten, U., and N. Ryman. 1985. Pollution biomonitoring programs and the genetic structure of indicator species. Ambio 14: 29-31.

Haedrich, R. L. 1996. Deep-water fishes: Evolution and adaptation in the earth's largest living spaces. Journal of Fish Biology 49: 40-53.

Haedrich, R. L. and N. Merrett. 1990. Little evidence for faunal zonation or communities in deep sea demersal fish faunas. Progress in Oceanography 24: 239-250.

Hardy, J. 1991. Where the sea meets the sky. Natural History 5: 59-65.

Hardy, J., and C.W. Apts. 1989. Photosynthetic carbon reduction: High rates in the sea-surface microlayer. Marine Biology 101: 411-417.

Hatta, M. *et al.*, 1999. Reproductive and genetic evidence for a evolutionary history of mass-spawning corals. Molecular Biology and Evolution 16: 1607-1613.

Hawksworth, D. L., and M. T. Kalin-Arroyo. 1995. Magnitude and distribution of biodiversity. Chap. 3 (pp. 107-191) in V. Heywood, UNEP: *Global Biodiversity Assessment*. Cambridge University Press, Cambridge, England.

Hay, M. E., and W. Fenical. 1996. Chemical ecology and marine biodiversity: Insights and products from the sea. Oceanography 9: 10-20.

Hayward, T. 1993. The rise and fall of *Rhizosolenia*. Nature 363: 675-676.

Hedgpeth, J. 1993. Foreign invaders. Science 261: 34-35.

Helfield, J. M. and R. J. Naiman. 2001. Effects of salmon-derived nitrogen on riparian forest growth and implications for stream productivity. Ecology 82; 2403-2409.

Hilborn, R., and D. Ludwig. 1993. The limits of applied ecological research. Ecological Applications: 550-552.

稗田一俊. 2005. 鮭はダムに殺された. 二風谷ダムとユーラップ川からの警鐘. 岩波書店. 東京.

Hilderbrand, G. V. *et al.* 1999. Role of brown bears (*Ursus arctos*) in the flow of marine nitrogen into terrestrial ecosystem. Oecologia 121: 546-550.

Hindar, K., N. Ryman, and F. Utter. 1991. Genetic effects of cultured fish on natural fish populations. Canadian Journal of Fisheries and Aquatic Science 48: 945-957.

Hoegh-Guldberg, O. 1999. Climate change, coral bleaching and the future of the world's coral reefs. Marine and Freshwater Research 50: 839-866.

Holdgate, M. 1990. Biological diversity: Why do we need it? IUCN Bulletin 21: 27.

Holmes, B. 1997. Don't ignore nature's bottom line. New Scientist 30: 1-15.

Hooper, D. U. *et al.* 2005. Effects of biodiversity on ecosystem functioning: A consensus of current knowledge. Ecological Monographs 75: 3-35.

Hughes, T. P., and J. H. Connell. 1999. Multiple stressors on coral reefs: A long-term perspective. Limnology and Oceanography 44: 932-940.

Hulshoff, B., and W. P. Gregg. 1985. Biosphere reserves: Demonstrating the value of conservation in sustaining society. Parks 10: 2-5.

Huston, M. A. 1985. Patterns of species diversity on coral reefs. Annual Review of Ecology and Systematics 16: 149-177.

IMO. 1990. *London Dumping Convention: The First Decade and Beyond (Provisions of the Convention on the Prevention of Marine Pollution by Dumping of Wastes and Other Matter, 1972, and Decisions made by the Consultative Meeting of Contracting Parties, 1975-1989)*. LDC 13/Inf.9. IMO Secretariat, London.

Jackson, J. B. C. 1997. Reefs since Columbus. Coral Reefs 16: S23-S32 (suppl.).

Jackson, T., and P. J. Taylor. 1992. The precautionary principle and the prevention of marine pollution. Chemistry and Ecology 7: 123-134.

Jameson, S. C., J. W. McManus, and M. D. Spalding. 1995. *State of the Reefs: Regional and Global Prespectives*. Background paper of the International Coral Reef Initiative executive secretariat. National Oceanic and Atmospheric Administration, Silver Spring, Md.

Jinks, R. N. *et al.* 2002. Adaptive visual metamorphosis in a deep-sea hydrothermal vent crab. Nature 420: 68-70.

Johannes, R. E. 1978. Traditional marine conservation methods in Oceania and their demise. Annual Review of Ecology and Systematics 9: 349-364.

Jumars, P. A. 1976. Deep-sea species diversity: Does it have a characteristic scale? Journal of Marine Research 34: 217-246.

海洋政策研究財団. 2005. 海洋と日本：21世紀の海洋政策への提言. 19pp. 海洋政策研究財団, 東京.

Karentz, D. 1992. Ozone depletion and UV-B radiation in the Antarctic-Limitations to ecological assessment.

Marine Pollution Bulletin 25: 231-232.

Kendall, M. A. and M. Aschan. 1993. Latitudinal gradients in the structure of macrobenthic communities: a comparison of Arctic, temperate and tropical sites. Journal of Experimental Marine Biology and Ecology. 172: 157-169.

Kikuchi, T. and M. Omori. 1985. Vertical distribution and migration of oceanic shrimps at two locations off the Pacific coast of Japan. Deep-Sea Res. 32A: 837-851.

Kime, D. E. 1995. The effects of pollution on reproduction in fish. Reviews in Fish Biology and Fisheries 5: 52-96.

Klerks, P., and J. S. Levinton. 1989. Rapid evolution of resistance to extreme metal pollution in a benthic oligochaete. Biological Bulletin 176: 135-141.

Koslow, J. A. 1997. Seamounts and the ecology of deep-sea fisheries. American Scientist 85: 168-176.

Langston, W. J., N. D. Pope, and G. R. Burt. 1992. *Impact of Discharges on Metal Levels in Biota of the West Cambria Coast*. Plymouth Marine Laboratory Report 1992. Plymouth Marine Laboratory, Plymouth, England.

Leigh, E. G. Jr., R. T. Paine, J. F. Quinn, and T. H. Suchanek. 1984. Wave energy and intertidal productivity. Proceedings of the National Academy of Sciences, U.S.A. 84: 1314-1318.

Lewin, J. 1978. The world of the razor-clam beach. Pacific Search, April, 12-13.

Lewontin, R. C. 1990. Fallen angels. New York Review of Books 37: 3-7.

Lindley, D. 1988. Is the Earth alive or dead? Nature 332: 483-484.

Livingstone, D., P. Donkin, and C. Walker. 1992. Pollutants in marine ecosystems: An overview. pp. 235-263 in C. Walker and D. Livingstone (eds.), *Persistent Organic Pollutants in Ecosystems*. Pergamon Press, New York, N.Y.

Lovelock, J. E. 1979. *Gaia: A New Look at Life on Earth*. Oxford University Press, New York, N.Y.

Lubchenco, J. 1998. Entering the century of the environment: A new social contact for science. Science 279: 491-497.

Malakoff, D. 1997. Extinction on the high seas. Science 277: 486-488.

Mann, K. H., and J. R. N. Lazier. 1996. *Dynamics of Marine Ecosystems: Biological-Physical Interactions in the Oceans*. 2nd ed. Blackwell Scientific Publications, Cambridge, England.

Manville, A. M. 1988. Tracking plastic in the Pacific. Defenders, November/December, 10-15.

Maragos, J. E., M. P. Crosby, and J. W. McManus. 1996. Coral reefs and biodiversity: A critical and threatened relationship. Oceanography 9: 83-99.

Marr, J. W. S. 1962. The natural history and geography of the Antarctic krill (*Euphausia superba* Dana). Discovery Report 32: 33-464.

Massom, R. A. 1988. The biological significance of open water within the sea ice covers of the polar regions. Endeavour (n.s.) 12: 21-27.

May, R. M. 1988. How many species are there on Earth? Science: 241: 1441-1448.

May, R. M. 1994a. Biological diversity: Differences between land and sea. Philosophical Transactions of the Royal Society of London, ser. B, 343: 105-111.

Mayer, G. (ed.). 1982. *Ecological Stress and the New York Bight: Science and Management*. Estuarine Research Federation, Columbia, S.C.

McGinn, A. P. 1998. Promoting sustainable fisheries. pp. 59-78 in *State of the World 1998*. W. W. Norton and Company, New York, NY.

McGowan, J. A. 1986. The biogeography of pelagic ecosystems. pp. 191-200 in *Pelagic Biogeography: Proceedings of an International Conference, the Netherlands, 29 May-5 June 1985*. UNESCO Technical Papers in Marine Science, No. 49. United Nations Educational, Scientific, and Cultural Organization, Paris.

McGowan, J. A., D. B. Chelton, and A. Conversi. 1996. Plankton patterns, climate, and change in the California Current. CalCOFI Reports 37: 45-68.

McGowan, J. A., and P. W. Walker. 1993. Pelagic diversity patterns. pp. 203-214 in R. Ricklefs and D. Schluter (eds.), *Species Diversity in Ecological Communities*. University of Chicago Press, Chicago.

McLusky, D. S. 1981. The Estuarine Ecosystem. John Wiley and Sons, New York.

Menge, B. A. 1992. Community regulations: Under what conditions are bottom-up factors important on rocky shores? Ecology 73: 755-765.

Mianzan, H. *et al*. 1997. Salps: Possible vectors of toxic dinoflagellates. Fisheries Research 29: 193-197.

宮崎信之・田辺信介. 2005. 有機塩素系化合物の汚染. pp. 239-258. 宮崎信之 (編), 三陸の海と生物. サイエンティスト社, 東京.

Moffat, A. S. 1996. Biodiversity is a boon to ecosystems, not species. Science 271:1497.

Mooney, H. A. *et al*. 1995. Biodiversity and ecosystem functioning: Ecosystem analysis. pp. 327-452 in V. H. Heywood and R. T. Watson (eds.), *UNEP Global Biodiversity Assessment*. Cambridge University Press, Cambridge, England.

Morse, D. E., and A. N. C. Morse. 1988. Chemical signals and molecular mechanisms: Learning from larvae. Oceanus 31: 37-43.

Morse, D. E. *et al*. 1994. Morphogen-based chemical flypaper for *Agaricia humilis* coral larvae. Biological Bulletin 186: 172-181.

Mowat, F. 1996. *Sea of Slaughter*. Chapters Publishing, Shelburne, Vt.

村上正志. 2004. 森の中のサケ科魚類. pp.193-211. 前川光司編 サケマスの生態と進化. 文一総合出版, 東京.

Myers, N. 1990. Mass extinctions: What can the past tell us about the present and the future? Palaeogeography, Palaeoclimatology, Palaeoecology 82: 175-185.

Myers, N. 1993. Biodiversity and the precautionary principle. Ambio 22: 74-79.

Myers, R.A., J.A. Hatchings, and N.J. Barrowman. 1997. Why do fish stock collapse? The example of cod in Atlantic Canada. Ecological Applications 7: 91-106.

National Research Council. 1995. *Understanding Marine Biodiversity Science*. National Academy Press, Washington, D.C.

N.H.K. 「海」プロジェクト 1988. NHKスペシャル「海－知られざる世界」第2巻. 日本放送協会, 東京.

西平守孝. 1998. サンゴ礁における多種共存機構. pp.161-195. 井上民二・和田英太郎編 地球環境学5. 生物多様性とその保全. 岩波書店, 東京.

Nybakken, J. W. 1982. *Marine Biology: An Ecological Approach*. Harper & Row, New York, NY.

Obayashi, Y. *et al*. 2001. Spatial and temporal variabilities of phytoplankton community structure in the northern North Pacific as determined by phytoplankton pigments. Deep-Sea Res. I, 48: 439-469.

O'Brien, M. 2000. *Making Better Environmental Decisions: An Alternative to Risk Assessment*. The MIT Press, Cambridge, Mass.

Ogden, J. 1989. Marine biological diversity: A strategy for action. Reef Encounter 6: 5.

Omori, M. 2002. One hundred years of the sergestid shrimp fishing industry in Suruga Bay: Development of administration and social policy. pp. 417-422 in K. R. Benson and P. F. Rehbock (eds.), *Oceanographic History: The Pacific and Beyond*. University of Washington Press, Seattle and London.

Omori, M., H. Ishii, and A. Fujinaga. 1995. Life history of *Aurelia aurita* (Cnidaria, Scyphomedusae) and its impact on the zooplankton community of Tokyo Bay. ICES Journal of Marine Science 52: 597-603.

Omori M., C. P. Norman, and T. Ikeda. 1998. Oceanic disposal of CO_2: Potential effects on deep-sea plankton and micronekton- A review. Plankton Biology and Ecology 45: 87-99.

大森 信・下池和幸・岩尾研二・大矢正樹. 1998. サンゴの姿. pp.104-111. NHKスペシャル「海－知られざる世界」. 第1巻, 日本放送協会, 東京.

Orr, J. C. *et al*., 2005. Anthropogenic ocean acidification over the twenty-first century and its impact on

calcifying organisms. Nature 439: 681-686.
Pacific Congress on Marine Science and Technology. 1995. *Proceedings of the PACON Conference on Sustainable Aquaculture 95, June 11-14, 1995. Honolulu, Hawaii.* PACON International, Hawaii Chapter, Honolulu.
Pain, S. 1988. No escape from the global greenhouse. New Scientist, November 12, 38-43.
Paine, R. T. 1966. Food web complexity and species diversity. American Naturalist 100: 65-75.
Paine, R. T., J. C. Castilla, and J. Cancino. 1985. Perturbation and recovery patterns of starfish-dominated intertidal assemblages in Chile, New Zealand, and Washington State. American Naturalist 125: 679-691.
Pauly, D. 1997. Putting fisheries management back in places. Reviews in Fish Biology and Fisheries 7: 125-127.
Pauly, D. *et al.*, 1998. Fishing down marine food webs. Science 279: 860-863.
Pennisi, E. 1997. Brighter prospects for the world's coral reefs? Science 277: 491-493.
Pianka, E. R. 1988. *Evolutionary Ecology*. Harper & Row, New York.
Pielou, E. C. 1979. *Biogeography*. Wiley-Interscience, New York.
Pierrot-Bults, A. C. 1997. Biological diversity in oceanic macrozooplankton: More than counting species. Chap. 4 (pp.69-93) in R. Ormond, J. Gage, and M. Angel (eds.), *Marine Biodiversity: Patterns and Processes*. Cambridge University Press, Cambridge, England.
Pimm, S.L. 1984. The complexity and stability of ecosystems. Nature 207: 321-326.
Pimm, S. L. 1997. The value of everything. Nature 387: 231-232.
Pomeroy, L. R. 1992. The microbial food web. Oceanus 35:28-35.
Poore, G. C. B., and G. D. F. Wilson. 1993. Marine species richness. Nature 362: 597-598.
プリマック, R. B.・小堀洋美. 1997. 保全生物学のすすめ：生物多様性保全のためのニューサイエンス. 文一総合出版, 東京.
Raffaelli, D., and S. Hawkins. 1996. *Intertidal Ecology*. Chapman & Hall, London.
Raffensperger, C., and J.A. Tickner. (eds.) 1999. *Protecting Public Health and the Environment*. Island Press, Washington D.C.
Raup, D. M., and S. M. Stanley. 1978. *Principles of Palentology*, 2nd ed. W. H. Freeman, San Francisco, CA.
Ray, G. C. 1988. Ecological diversity in coastal zones and oceans. pp.36-50 in E. O. Wilson (ed.), *Biodiversity*. National Academy Press, Washington, D.C.
Ray, G. C. 1991. Coastal-zones biodiversity patterns: Principles of landscape ecology may help explain the processes underlying coastal diversity. BioScience 41: 490-498.
Ray, G. C. 1997. Do the metapopulation dynamics of estuarine fishes influence the stability of shelf ecosystems? Bulletin of Marine Science 60: 1040-1049.
Raymont, J. 1963. *Plankton and Productivity in the Oceans*. Pergamon Press, Oxford, England.
Reaka-Kudla, M. L. 1997. The global biodiversity of coral reefs: A comparison with rainforests. Chap. 7 (pp. 83-108) in M. L. Reaka-Kudla, D. E. Wilson, and E. O. Wilson (eds.), *Biodiversity II: Understanding and Protecting Our Biological Resources*. National Academy Press, Joseph Henry Press. Washington, D.C.
Reid, J. *et al.* 1978. Ocean circulation and marine life. pp. 65-130 in H. Charnock and Sir G. Deacon (eds.), *Advances in Oceanography*, Plenum Press, New York, N.Y.
Restrepo, V. R. and J. E. Powers. 1999. Precautionary control rules in U.S. fisheries management: Specification and performance. ICES journal of Marine Science 56: 846-852.
Rex, M. A. 1981. Community structure in deep-sea benthos. Annual Review of Ecology and Systematics 12: 331-353.
Rex, M. A., R. J. Etter, and C. T. Stuart. 1997. Chap. 5 (pp. 94-121) in R. Ormond, J. Gage, and M. Angel (eds.), *Marine Biodiversity: Patterns and Processes*. Cambridge University Press, Cambridge, England.
Rex, M. A., C. T. Stuart, R. R. Hessler, J. A. Allen, H. L. Sanders, and G. D. F. Wilson. 1993. Globalscale

latitudinal patterns of species diversity in the deep-sea benthos. Nature 365: 636-639.

Ricklefs, R., and R. Latham. 1993. Global patterns of diversity in mangrove floras. pp. 215-229 in R. E. Ricklefs and D. Schluter (eds.), *Species Diversity in Ecological Communities*. University of Chicago Press, Chicago.

Roemmich, D., and J. McGowan. 1995. Climatic warming and the decline of zooplankton in the California Current. Science 267: 1324-1326.

Roughgarden, J., S. Gaines, and H. Possingham. 1988. Recruitment dynamics in complex life cycles. Science 241: 1460-1466.

Rowell, T. W. and R. W. Trites. 1985. Distribution of larval and juvenile *Illex* (Mollusca: Cephalopoda) in the Blake Plateau region (Northwest Atlantic). Vie Milieu Ser. C35: 149-161.

Ruggieri, G. D. 1976. Drugs from the sea. Science 194: 491-497.

Safina, C. 1995. The world's imperiled fish. Scientific American 273: 46-53.

Sale, P. F. 1980. The ecology of fishes on coral reefs. Oceanography and Marine Biology Annual Review 18: 367-421.

Salm, R. V., with J. R. Clark. 1984. *Marine and Coastal Protected Areas: A Guide for Planners and Managers*. International Union for the Conservation of Nature and Natural Resources, Gland, Switzerland.

Sanders, H. L. 1968. Marine benthic diversity: A comparative study. American Naturalist 102: 243-282.

Sarmiento, J. L. 1991. Slowing the buildup of fossil CO_2 in the atmosphere by iron fertilization: A comment. Global Biogeochemical Cycles 5: 1-2.

Sarmiento, J., J. Toggweiler, and R. Najjar. 1988. Ocean carbon-cycle dynamics and atmospheric P CO_2. Philosophical Transactions of the Royal Society of London, ser. A, 325: 3-21.

Schmidt, K. 1997. A drop in the ocean. New Scientist 5: 40-44.

Schneider, S. H. 1997. *Laboratory Earth*. Orion Publishing Group, New York, N.Y. (邦訳：田中正之訳. 1998. 地球温暖化で何が起こるか. 草思社, 東京.)

Shane, B. S. 1994. Introduction to ecotoxicology. pp. 3-10 in L. G. Cockerham and B. S. Shane (eds.), *Basic Environmental Toxicology*. CRC Press, Boca Raton, Fla.

Sherman, K. *et al.* 1988. The continental shelf ecosystem off the northeast coast of the United States. pp. 279-337 in H. Postma and J. J. Zijlstra (eds.), *Ecosystems of the World*, Vol. 27, Continental Shelves. Elsevier, Amsterdam, Netherlands.

Short, F., and S. Wyllie-Echeverria. 1996. Natural and human-induced disturbance of seagrasses. Environmental Conservation 23: 17-27.

Smayda, T. 1990. Novel and nuisance phytoplankton blooms in the sea: Evidence for a global epidemic. pp. 29-40 in E. Granéli *et al.* (eds.), *Toxic Marine Phytoplankton*. Elsevier Science Publishing, New York.

Smayda, T. 1992. Global epidemic of noxious phytoplankton blooms and food chain consequences in large ecosystems. pp. 275-307 in K. Sherman, L. Alexander, and B. Gold (eds.), *Food Chains, Yields, Models, and Management of Large Marine Ecosystems*. Westview Press, Boulder, Colo.

Smayda, T. 1997. Harmful algal blooms: Their ecophysiology and general relevance to phytoplankton blooms in the sea. Limnology and Oceanography 42: 1137-1153.

Smith, C. *et al.*, 1989. Vent fauna on whale remains. Nature 341: 27-28.

Smith, C. 1992. Whale falls: Chemosynthesis on the deep seafloor. Oceanus 35: 74-78.

Smith, P. J., and Y. Fugio. 1982. Genetic variation in marine teleosts: High variability in habitat specialists and low variability in habitat generalists. Marine Biology 69: 7-20.

Steele, J. H. 1985. A comparison of terrestrial and marine ecological systems. Nature 313: 355-358.

Stegeman, J. J., P. J. Kloepper-Sams, and J. W. Farington. 1986. Monooxygenase induction and chlorobiphenyls in the deepsea fish *Coryphaenoides armatus*. Science 231: 1287-1289.

Stehli, F. G., R. G. Douglas, and N. D. Newell. 1969. Generation and maintenance of gradients in taxonomic

diversity. Science 164: 947-949.
Stehli, F. G., and J. W. Wells. 1971. Diversity and patterns in hermatypic corals. Systematic Zoology 20: 115-126.
Suess, G. *et al.*, 1999. Flamable ice. Scientific American Nov.: 53-59.
Sutinen, J. G. and M. Soboil. 2003. The performance of fisheries management systems and the ecosystem challenge. pp. 291-310 in M. Sinclair and G. Valdimarsson (eds.), *Responsible Fisheries in the Marine Ecolsystem*. CABI Publishing, Cambridge, Mass.
Suzuki, K. *et al.*, 1995. Distribution of the prochlorophyte *Prochlorococcus* in the central Pacific Ocean as measured by HPLC. Limnol. Oceanogr., 40: 983-989.
Tanabe, S. *et al.*, 1982. Transplacentral transfer of PCBs and chlorinated hydrocarbon pesticides from the pregnant striped dolphin (*Stenella coeruleoalba*) to her fetus. Agricultural and Biological Chemistry 46: 1269-1275.
The Ring Group, 1981. Gulf Stream cold-core rings: their physics, chemistry, and biology. Science 212: 1091-1100.
Thiel, H. *et al.*, 1998. *Marine Science and Technology. Environmental Risks from Large-Scale Ecological Research in the Deep Sea: A Desk Study*. Office for Official Publications of the European Communities, Luxenbourg.
Thorne-Miller, B. 1992. The LDC, the precautionary approach, and the assessment of wastes for sea-disposal. Marine Pollution Bulletin 24: 335-339.
Thorne-Miller, B. 2006. Setting the right goals: Marine fisheris and sustainability in large ecosystems. pp. 155-193 in N. J. Myers and C. Raffensperger (eds.), *Precautionary Tools for Resharping Environmental Policy*. The MIT Press, Cambridge, Mass.
Tiner, R. 1984. *Wetlands of the United States: Current Status and Recent Trends*. U.S. Department of the Interior, Washington, D.C.
Toggweiler, J. R. 1988. Deep-sea carbon: A burning issue. Nature 334:468.
時岡　隆・原田英司・西村三郎. 1973. 海の生態学. 生態学研究シリーズ3. 築地書館, 東京.
Travis, J. 1993. Probing the unsolved mysteries of the deep. Science 259: 1123-1124.
Tyler, P. A. 1995. Conditions for the existence of life at the deep-sea floor: An update. Oceanography and Marine Biology: Annual Review 33: 221-244.
Underwood, A. J., and E. J. Denley. 1984. Paradigms, explanations, and generalizations in models for the structure of intertidal communities on rocky shores. pp. 151-180 in D. R. Strong, Jr. (ed.), *Ecological Communities: Conceptual Issues and the Evidence*. Princeton University Press, Princeton, N.J., pp. 151-180.
UNEP. 1995. *Global Programme of Action for the Protection of the Marine Environment from Land-Based Activities*. Note by the secretariat, Intergovernmental Conference to adopt a Global Programme of Action for the Protection of the Marine Environment from Land-Based Activities, Washington, D.C., 23 October-3 November 1995. No. UNEP(OCA)/LBA/IG. 2/7, 5 December. UNEP, Nairobi, Kenya.
U.S. Congress. Office of Technology Assessment. 1986. *Serious Reduction of Hazardous Waste*. OTA-ITE-317. U.S. Government Printing Office, Washington, D.C.
Van der Spoel, S., and R. P. Heyman. 1983. *A Comparative Atlas of Zooplankton*. Wetenschappelijke uitgeverij Bunge, Utrecht.
Van Dover, C. L. 1996. *The Octopus's Garden*. Addison-Wesley, Helix Books, Reading, Mass.（邦訳：西田美緒子訳. 1977. 深海の庭園. 草思社, 東京.）
Venrick, E. L. 1990. Phytoplankton in an oligotrophic ocean: Species structure and interannual variability. Ecology 71: 1547-1563.
Vermeij, G. J. 1991. When biotas meet: Understanding biotic interchange. Science 253: 1099-1104.

Veron, J. E. N. 1995. *Corals in Space and Time: The Biogeography and Evolution of The Scleractinia*. University of South Wales Press, Sydney, Australia.

Villareal, T., M. Altabet, and K. Culver-Rymsza. 1993. Nitrogen transport by vertically migrating diatom mats in the North Pacific Ocean. Nature 363: 709-711.

Vitousek, P. M. *et al.*, 1997. Human domination of Earth's ecosystems. Science 277: 494-499.

鷲谷いずみ・矢原　徹. 1996. 保全生態学入門. 文一総合出版, 東京.

Waters, T. 1995. The other grand canyon. Earth 12: 44-51.

Watson, R., and D. Pauly. 2001. Systematic distortions in world fisheries catch rends. Nature 414: 534-536.

Weber, P. 1993. *Abandoned Seas: Reversing the Decline of the Oceans*. Worldwatch Institute, Washington, D.C.

Wells, J. W. 1957. Coral reefs. pp. 609-631 in J. W. Hedgpeth (ed.), *Treatise on Marine Ecology and Paleoecology*. Memoir 67, vol. 1. Geological Society of America, New York, NY.

Wells, S. M., and J. G. Barzdo. 1991. International trade in marine species-Is CITES a useful control mechanism? Journal of Coastal Management 19: 135-142.

Wiebe, P. H. and G. R. Flieri. 1983. Euphausiid invation/dispersal in Gulf Stream cold-core rings. Australian Journal of Marine and Freshwater Research 34: 625-652.

Wiegert, R. G., and L. R. Pomeroy. 1981. The salt-marsh ecosystem: A synthesis. Chap. 10 (pp. 218-239) in R. Pomeroy and R. G. Wiegert (eds.), *The Ecology of a Salt Marsh*. Springer-Verlag, New York, NY.

Wilkinson, C. R. (ed.) 2004. *Status of Coral Reefs of the World: 2004*. Global Coral Reef Monitoring Network and Australian Institute of Marine Science, Townsville, Australia.

Williamson, M. 1997. Marine biodiversity in its global context. pp. 1-17 in R. Ormond, J. Gage, and M. Angel (eds.), *Marine Biodiversity: Patterns and Processes*. Cambridge University Press, Cambridge, England.

Wilson, E.O. 1984. *Biophilia*. Harvard University Press, Cambridge, Mass.

Wilson, E. O. and M. Peter (ed.). 1988. *Biodiversity*. National Academy Press, Washington, D.C.

Wilson, R., and E. A. C. Crouch. 1987. Risk assessment and comparisons: An introduction. Science 236: 267-270.

Windom, H. L. 1991. *GESAMP: Two Decades of Accomplishments*. International Maritime Organization, London.

Winston, J. E. 1990. Life in Antarctic depths. Natural History 9: 70-75.

Wirth, T. E. 1995. Values and political will. pp. 29-31 in I. Serageldin and R. Barrett (eds.), *Ethics and Spiritual Values: Promoting Environmentally Sustainable Development*. Environmentally Sustainable Development Proceedings Series, No. 12. World Bank, Washington, D.C.

World Commission on Environment and Development. 1987. *Our Common Future*. Oxford University Press, Oxford, England.

World Resources Institute. 1987. *World Resources* 1987. Basic Books, New York, N.Y.

World Resources Institute, International Institute for Environment and Development, and UNEP. 1988. *World Resources 1988-89*. Basic Books, New York, N.Y.

Zaitsev, Y. P. 1992. Recent changes in the trophic structure of the Black Sea. Fisheries Oceanography 1: 180-189.

索引

【あ行】
青潮　117
赤潮　117
亜寒帯環流　91
アジェンダ21　178
油漏出　122
アマモ場　57
アラル海　114
磯浜　61
遺伝的多様性　14
隠蔽種　38
エチゼンクラゲ　118
沿岸域管理法　192
塩生湿地　25, 57
円石藻類　20
オゾンホール　133
オニヒトデ　73
オレンジラフィー　94

【か行】
ガイア仮説　18
海溝　101
海中公園　191
海底境界層　50, 93
海底峡谷　101
海面ミクロ層　45, 84, 120
海洋サンクチュアリ　192
海洋深層水　51
海洋保護区　143, 189
化学合成　40, 100
化学シグナル　46
河口域　55
褐虫藻　32, 69
カブトガニ　58
カリフォルニア州共同漁業調査計画　158
環境影響評価法　162
間隙動物　67
キーストン種　33, 63
北大西洋環流　88
北太平洋環流　88
機能群の多様性　14
共進化　29

狭適応種　29
極表層　84
クロロフルオロメタン　129
群集・生態系の多様性　14
景観の多様性　14, 15
原核緑色植物　8, 39, 83
広域海洋生態系　147
光合成　40
合成有機化合物　124, 151
広適応種　29
国際海底機構　177
国際海洋年　8
国際さんご礁イニシアティブ　189
国際自然保護連合　175
国際捕鯨委員会　184
国連海洋法条約　176
国連環境開発会議　178
国連公海漁業実施協定　185
個体群　29
個体群密度　29
黒海　127
個別譲渡可能漁獲割当　149

【さ行】
サクラエビ　150
砂防ダム　163
サルパ　81
サンゴ　67
さんご礁　42, 48, 67
残留性有機汚染物質　124, 194
シーグラント計画　180
自然のサービス　160
持続可能最大漁獲量　23, 111
姉妹種　38
ジメチルサルファイド　19
種の多様性　13, 28
食物網　29, 33
食物連鎖　29, 33
深海平原　95
水族館　143
ストックホルム宣言　178
砂浜　66

229

西岸境界流　80
生態系の安定性　30
生物多様性　13
生物多様性条約　172, 180
生物濃縮　115
生物ポンプ　83
世界遺産条約　190
絶滅危惧種　182
ゼラチン質プランクトン　81
造礁サンゴ　67
相利関係　29, 32
ゾーニング　147

【た行】
大陸斜面　95
多様度示数　28
地域海計画　188
地域漁業組織　185
地球環境ファシリティ　196
潮間帯　63
長距離大気汚染協定　195
潮上帯　62
適正漁獲量　149
統合沿岸域管理　146

【な行】
内分泌攪乱物質　125
流し網漁業　186
ナンキョクオキアミ　86
南極海　101
南極海洋生物資源保存委員会　187
日周鉛直移動　86
ニッチ　29
人間と生物圏計画　189
熱水噴出孔　99
ノーテイクゾーン　143

【は行】
バーゼル条約　195
バイオアッセイ　152
排他的経済水域　176
バクテリア　39
白化現象　69, 131
バラスト水　126, 183
非政府組織　173, 197
尾虫類　81

表在動物　66
表層海流　80
費用対効果分析　159
富栄養化　117
浮遊幼生　81
米国海洋行動計画　180
米国海洋大気庁　180
ベースラインスタディ　34
芳香族炭化水素　124
北極海　101
北極環境保護戦略　188
ポリニア　102

【ま行】
マクロベントス　66
マドリッド議定書　187
MARPOL73/78　170, 193
マングローブ林　59
ミクロベントス　66
無光層　51
ムラサキイガイ　38
メイオベントス　66
メタンハイドレート　129
メロ　103
モニタリング　158

【や行】
有機塩素化合物　124
有光層　44
有毒金属　123
有毒藻類　119
ユノハナガニ　100
養殖　112
予防原則　157
予防的アプローチ　156

【ら行】
ラムサール条約　190
リスクアセスメント　155, 157
累積的許容量　152
濾過食　42, 82
露出度　62
ロンドン廃棄物条約　170, 193

【わ行】
ワシントン条約　170, 182

【著者略歴】

大森　信（おおもり　まこと）
1937年大阪府生まれ。北海道大学水産学部卒業。水産学博士。
米国ウッズホール海洋研究所とワシントン大学大学院で学んだ後、東京大学海洋研究所、カリフォルニア大学スクリップス海洋研究所、ユネスコ自然科学局に勤務。
東京水産大学教授を経て、2002年から㈶熱帯生態研究振興財団の阿嘉島臨海研究所所長。日本プランクトン学会会長、日本海洋学会評議員などを歴任。日本のプランクトン研究の第一人者であるが、現在は主にさんご礁の保全修復のための研究と啓蒙活動を行っている。
2002年にはNHKより8回にわたって放送された「海——青き大自然」を総監修した。
著書に"Methods in Marine Zooplankton Ecology"（Wiley Interscience, New York）、『蝦と蟹』（恒星社厚生閣）、『さくらえび——漁業百年史』（静岡新聞社）などがある。

Boyce Thorne-Miller（ボイス・ソーンミラー）
海洋生物学と環境政策の専門家。
米国ワシントン大学を卒業し、1972年ロードアイランド大学大学院修士課程終了。
環境保護活動で有名なNGO「地球の友インターナショナル」や「SeaWeb」の主席科学アドバイザーとして活躍。現在はOcean Advocatesの科学部長。「世界自然保護基金」などの海洋環境コンサルタントとしても国際的に知られている。
著書に"Living Ocean"（Island Press, Washington D.C.）や"Ocean"（Collins Publishers, San Francisco）がある。

海の生物多様性

2006年8月31日　初版発行
2010年10月12日　3刷発行

著者	大森　信＋ボイス・ソーンミラー
発行者	土井二郎
発行所	築地書館株式会社
	東京都中央区築地7-4-4-201　〒104-0045
	TEL 03-3542-3731　FAX 03-3541-5799
	http://www.tsukiji-shokan.co.jp/
	振替00110-5-19057
組版	ジャヌア3
印刷・製本	株式会社シナノ
装丁	吉野　愛

Ⓒ Makoto Omori & Boyce Thorne-Miller 2006 Printed in Japan
ISBN978-4-8067-1339-5

・本書の複写にかかる複製、上映、譲渡、公衆送信（送信可能化を含む）の各権利は築地書館株式会社が管理の委託を受けています。
・JCOPY〈（社）出版者著作権管理機構　委託出版物〉
本書の無断複写は著作権法上での例外を除き禁じられています。複写される場合は、そのつど事前に、（社）出版者著作権管理機構（電話 03-3513-6969、FAX 03-3513-6979、e-mail : info@jcopy.or.jp）の許諾を得てください。